基于山水林田湖草视角的喀斯特山区生态系统健康与管控研究

吕思思　著

气象出版社
China Meteorological Press

内容简介

本书以山水林田湖草整体视角研究喀斯特山区生态系统健康，强调生态要素的协同与权衡，这是国内外同类书籍中较为少见的创新点。此外，本书采用 VORS、SC 评价体系，提供了科学的生态健康诊断和管理工具，深入分析了喀斯特流域生态健康的诊断方法和趋势变化，特别是对红枫湖流域的具体研究，展示了生态健康评价与管理的具体应用案例，提出了山水林田湖草协同管理的理论基础和实践方法，有助于实现生态系统的综合治理和可持续发展。同时，通过系统分析山、水、林、田、湖、草子系统之间的协同与权衡关系，为生态管理分区及措施建议提供了科学依据，能够指导生态修复和保护工作的实施，从而推动区域经济的发展和生态环境的改善。

本书可供生态学、环境科学、地理学等相关领域的研究人员和研究生以及生态保护和环境管理等从业人员学习借鉴。

图书在版编目（CIP）数据

基于山水林田湖草视角的喀斯特山区生态系统健康与管控研究 / 吕思思著. -- 北京 : 气象出版社, 2025. 4. -- ISBN 978-7-5029-8480-9

Ⅰ. P931.5

中国国家版本馆 CIP 数据核字第 2025JF6331 号

基于山水林田湖草视角的喀斯特山区生态系统健康与管控研究

Jiyu Shan Shui Lin Tian Hu Cao Shijiao de Kasite Shanqu Shengtai Xitong Jiankang yu Guankong Yanjiu

出版发行：气象出版社

地　　址：北京市海淀区中关村南大街 46 号　　**邮政编码**：100081

电　　话：010-68407112(总编室)　010-68408042(发行部)

网　　址：http://www.qxcbs.com　　**E-mail**：qxcbs@cma.gov.cn

责任编辑：蔺学东　高菁蕾　　**终　　审**：张　斌

责任校对：张硕杰　　**责任技编**：赵相宁

封面设计：艺点设计

印　　刷：北京中石油彩色印刷有限责任公司

开　　本：787 mm×1092 mm　1/16　　**印　　张**：7.25

字　　数：181 千字　　**彩　　插**：1

版　　次：2025 年 4 月第 1 版　　**印　　次**：2025 年 4 月第 1 次印刷

定　　价：70.00 元

前　　言

在全球生态环境变化日益加剧的背景下，生态系统的健康和可持续性正成为各国面临的重要挑战。生态系统的健康不仅关乎自然环境的稳定，还直接影响人类的生存和发展。随着生态问题日益严重，如何有效地掌握生态系统健康情况、应对复杂的生态环境成为亟待解决的问题。在这一背景下，山水林田湖草作为一个系统性视角，逐渐成为研究和管理生态系统健康的重要框架。尤其是在喀斯特山区这种具有特殊地质地貌背景的地区，山水林田湖草视角提供了一种全面而系统的方法来审视和应对复杂的生态问题，进而为解决喀斯特地区的环境挑战提供了有效的路径。

喀斯特地区以其特殊的地质构造和复杂的生态系统闻名，常常表现出显著的生态脆弱性。由于地表岩层的溶蚀作用，地形起伏剧烈，地面水流迅速下渗，导致土壤水分保持能力差，进而影响植被生长。长期的水土流失问题不仅降低了土地的生产力，还对区域的水源涵养能力造成了负面影响。这种生态退化的恶性循环，加剧了喀斯特地区的生态脆弱性。在空间二元水文结构下，地下水的储存和补给不稳定，水资源的短缺问题十分突出。在水土保持能力弱的影响下，生态环境极易遭到破坏，生物多样性敏感。同时，在与人类共存的空间中，生态空间被压缩、生物多样性受到破坏、资源能耗增加，污染现象频发且治理难度加大，进一步加剧了喀斯特地区生态环境的脆弱性。因此，准确评估喀斯特生态系统健康能够帮助我们更好地理解其复杂性和脆弱性，便于调整产业结构、优化城市发展空间布局等方面，从而为生态修复和管理提供科学依据，实现区域社会、经济、生态环境可持续发展。

山水林田湖草（沙）生命共同体这一概念，源自对自然生态系统复杂性和互动性的深入理解。传统的生态管理往往孤立地关注某一单一要素，如森林、湖泊或草地等，但忽视了这些要素之间的相互作用和综合影响。为了弥补这一不足，山水林田湖草（沙）理念强调了山、水、林、田、湖、草、沙等自然要素之间的相互依存关系，将它们视为一个有机整体。这一理念的提出，标志着生态学研究和管理从局部问题向整体系统观念的转变，具有重要的理论和实践意义。

对于喀斯特山区来说，这一视角尤为重要。喀斯特地区的生态系统非常复杂，山地、河流、森林、耕地、湖泊和草地等要素之间相互交织，单一的管理策略往往无法有效解决环境问题。通过采用山水林田湖草的系统性视角，可以全面分析喀斯特地区各生态要素之间的关系，从而制定更加科学和有效的管理策略，从整体上提升生态系统的功能和稳定性，帮助解决喀斯特地区的环境问题。红枫湖流域作为喀斯特山地且分布在人口集中度较高的黔中地区，作为贵州的经济核心区，人地矛盾突出，资源能耗大，是典型的山水林田湖草生命共同体共存的典型。对其生态系统健康进行研究有利于贵州的整体可持续发展。

本书的研究目标是基于山水林田湖草系统理念，系统评估喀斯特山区的生态系统健康状况，识别关键生态问题，并提出针对性的管控和修复措施。通过实地调查、遥感技术和生态模型的综合应用，深入剖析影响喀斯特山区生态系统的主要因素，旨在优化生态管理策略，提供科学依据和实用的政策建议，助力喀斯特地区生态-经济的可持续发展。本书共 8 章，涵盖从理论框架构建到实践应用的全过程，具体章节结构如下。第 1 章研究区概况，本章对研究区域——红枫湖流域的基本情况进行介绍，包括流域地理位置、水文气候条件、地形地貌、自然资源以及社会经济文化等方面。红枫湖是贵阳市和贵安新区的主要“水缸”，通过对这些要素的描述，揭示出该区域人地矛盾日益突出、生态安全压力不断加大的现状，指出红枫湖流域生态环境问题的根源。第 2 章基础理论框架，本章梳理了与生态系统健康、山水林田湖草(沙)生态要素及生态管控分区相关的理论基础。通过对相关文献的回顾和分析，明确生态系统健康评价的现有方法和标准，并提出支撑山水林田湖草系统的理论依据。第 3 章基于活力-组织-弹性-服务(VORS)的喀斯特流域生态健康诊断与时空演变，在这一章中，基于 VORS 生态系统健康评价框架，对 1990 年至 2020 年 7 个时间节点的生态系统健康状况进行了评估。通过对生态活力、组织、服务、弹性功能及整体健康状态的时空演变特征进行分析，揭示了喀斯特流域的生态系统在不同时间节点上的变化及其主要影响因子。本章采用地理探测器方法，分析土地利用、降水和坡度等因子对生态系统健康的影响程度，揭示了代表山水林田湖草系统的关键要素对生态系统健康的作用机制。第 4 章基于山水林田湖草的生态系统健康评价，本章基于景观生态学和遥感理论，围绕山、水、林、田、湖、草各子系统的数量、质量和空间位置，以及各子系统与人类活动之间的协调性，构建了状态-协调(State-Coordination，SC)模型对生态系统健康进行评估。该模型用于评估 2005 年、2010 年、2015 年和 2020 年的生态系统健康状况，分析健康变化的主要驱动因素，并提出针对性的管控建议。第 5 章基于山水林田湖草协同/权衡的生态管控分区研究，本章的重点是量化山、水、林、田、湖、草各子系统在空间上的协同和权衡关系。通过采用自组织映射神经网络(SOFM)方法，将研究区划分为相对独立的九个分区类型，依据每个分区的特点，提出具体的生态管控建议。第 6 章基于山水林田湖草视角的生态系统健康预测，本章采用灰色预测模型和 CA-Markov 模型，基于构建的 SC 模型，预测未来生态系统健康状况的变化趋势，特别是对 2025 年和 2030 年红枫湖流域的生态健康进行了前瞻性分析。通过模型的模拟，提出了以“保状态、促协调”为目的的九条长期管理建议，为未来的生态治理提供了科学依据和政策导向。第 7 章山水林田湖草(沙)综合治理管理措施研究，本章通过梳理全国山水试点工程的实施经验，总结贵州山水工程的特点及其在红枫湖流域的应用情况。该章探讨了贵州山水工程的具体实施过程，并针对红枫湖流域的特殊性，提出了适宜的生态治理措施。第 8 章研究展望，本章通过对现有文献的分析，总结了当前研究的进展，梳理出尚待深入研究的关键领域和方向，指出了基础理论研究需进一步深入研究的方向，还从应用技术角度探讨了生态系统保护的未来发展趋势和挑战，强调了加强生态系统健康监测和管理技术手段的必要性。全书由吕思思编写、统修。

本书从山水林田湖草整体视角出发，深入探讨了喀斯特山区生态系统的健康问题，特别强调了不同生态要素之间的协同与权衡关系。这种研究方式在国内外相关书籍中尚属少见，具有一定的创新性。书中引入了 VORS 和 SC 评价体系，不仅为生态健康的诊断和管理提供了科学依据，还具有较强的实践应用价值。通过这些创新方法，本书不仅为生态健康理论体系的丰富与完善贡献了力量，还为喀斯特山区的生态管理和可持续发展提供了切实可行的参考和建议。我们希望能够通过本书的研究成果，加深读者对于喀斯特山区生态系统的理解，并为未来的研究和实践提供指导。推进山水林田湖草这一系统性研究，不仅有助于解决喀斯特地区的环境问题，还为全球其他生态脆弱地区的可持续发展提供了宝贵的经验和借鉴。

在此，我谨向苏维词研究员、赵卫权研究员、李威副研究员和周忠发教授致以最诚挚的感谢，感谢他们在本书编写过程中给予的宝贵理论指导。同时，我也特别感谢赵祖伦、黄亮、孙小琼在研究过程中提供的协助，以及贵州省清镇市统计局、贵州省安顺市统计局、贵州省生态气象和卫星遥感中心为本书提供的数据支持。正是他们的帮助与支持才使得本书的编写得以顺利完成。此外，本书的完成还得到了贵州省基础研究（自然科学）项目（黔科合基础〔2020〕1Y410）、贵州省科技支撑项目（黔科合支撑〔2020〕4Y008 号）经费的支持，谨此一并致谢。

本书涉及专业领域的内容较多，限于作者的知识水平和写作能力，书中难免存在不当之处，可能对部分内容的理解不够全面，表达不够准确。在此，诚恳地希望各位同行专家和读者批评指正，以促进相关研究的进一步完善和发展。

吕思思

2024 年 10 月 12 日

目　录

第 1 章　研究区概况

1.1　流域地理位置

贵州省红枫湖流域位于东经 105.97°—106.48°，北纬 26.15°—26.62°，面积为 1591.71 km^2。作为乌江一级支流猫跳河的上游部分，红枫湖流域涵盖了贵州省的七个县级行政区，包括清镇市、平坝区、长顺县、花溪区、西秀区等(图 1.1)。这一地区海拔高度在 1182 ～1646 m，地形复杂多变。红枫湖于 1960 年建成，是贵州省内最大的人工湖，被誉为“高原明珠”。湖泊由南湖和北湖两部分组成，湖水常年维持在海拔 1240.0 m 左右，红枫湖设计正常高水位 1240.0 m，死水位 1227.5 m，枯水期(12 月—次年 2 月)1228.0 m，涨水期(3—5 月)1237.0 m，丰水期(6—8 月)1233.0 m，平水期(9—11 月)1230.0 m(李峰 等，2012)。红枫湖的水域面积达 57.2 km^2，蓄水量可达 6.01 亿 m^3，平均水深 10.15 m，其规模和容量在乌江流域中都具有重要意义。

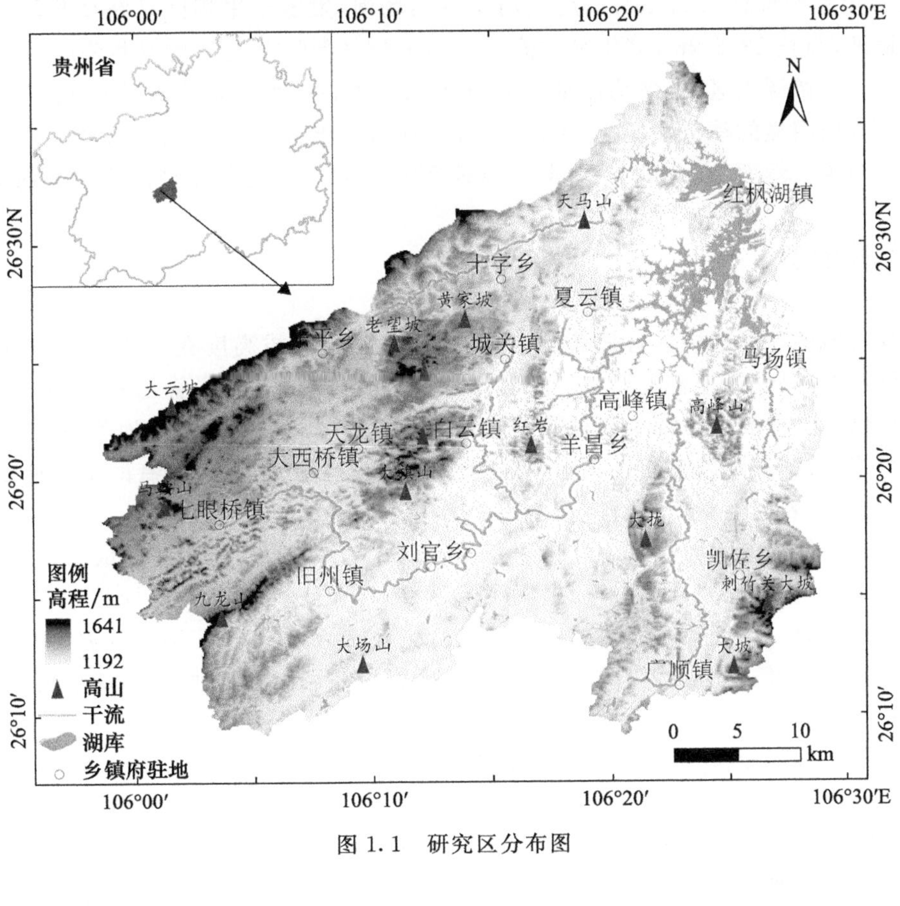

图 1.1　研究区分布图

1.2 水文气候条件

红枫湖流域属于亚热带季风湿润气候，四季分明且气候温和，冬季较为温暖，夏季则凉爽宜人。最热月7月平均气温24.0 ℃，气候适中，不会过于炎热，最冷月1月平均气温4.9 ℃，在亚热带气候下并不会出现极端的严寒天气，年平均气温14.4 ℃，无霜期达287天。除了温度之外，红枫湖流域的降水分布也具有显著的季节性特征，根据长期气象监测数据，多年年平均降雨量为1174～1386 mm，在中国的南方地区属于中等偏高水平。降雨集中在5—9月，降雨量占全年降雨量的75%左右(曾凌云 等，2011)，这种降雨的时空不均匀性可能导致旱涝并存的现象。丰水期的大量降水时常引发洪涝灾害，而旱季的少雨又导致水资源短缺，影响农业灌溉和居民生活用水。

受地质和地貌的共同影响，流域内河流纵横交错、水系发达，形成了一个复杂的溪流网络系统。主要河流包括羊昌河、麻线河、麦翁河、后六河四大支流(张耀，2019)，其中，羊昌河是猫跳河上游主要源流，发源于安顺市西秀区头铺镇，至红枫湖焦家桥处汇入红枫湖，全长91.0 km，多年平均流量11.80 m^3/s；麦翁河发源于安顺市西秀区蔡官镇塘官，经平坝区乐平乡、十字乡等地于麦翁断面汇入红枫湖，全长51.8 km，多年平均流量3.80 m^3/s；麻线河发源于黔南州长顺县广顺镇“七一”水库，经平坝区乐歌青鱼塘，于清镇奶牛场处汇入红枫湖，河长25.2 km，多年平均流量4.13 m^3/s；后六河又称马场河，发源于平坝区马路乡狗场坝，在场边寨汇入红枫湖，河长23.3 km，多年平均流量1.44 m^3/s(贵阳市人民政府办公厅，2019)。4条河流均来源于上游源水区，年平均流量达7.06亿m^3，约占红枫湖补给水量的90%。该地区的河流大多呈现出明显的季节性变化，尤其是在雨季时，河流水位迅速上涨，溪流暴涨，形成了季节性的洪水现象。然而，进入旱季后，水量则显著减少，部分支流甚至会出现断流现象。

1.3 地形地貌

红枫湖流域的地形地貌具有显著的喀斯特特征，整体海拔高度在1182～1646 m，中部及南部沿三叠系白云岩、铝土岩及泥灰岩间发育，南部还裸露出部分二叠纪和白垩纪的岩层，这为该区域提供了多样的地质背景和独特的地貌景观。西部和东南部以山地为主，山势陡峭，岩溶地貌发育充分；中部则以溶蚀残丘和坝地为主，形成的坝区是贵州少有的平坦区域，土壤相对肥沃，为农业发展提供了良好条件。

红枫湖流域的喀斯特面积占流域总面积的81.68%。喀斯特地貌的形成得益于特定的气候和地质条件。研究区属于亚热带季风气候区，雨热同季且多暴雨，为喀斯特地貌的形成提供了强大的侵蚀动力。这种暴雨加剧了地表和地下的水流活动，形成了适宜的岩溶条件，使得该区域的三叠纪石灰岩、灰岩夹页岩等可溶性岩石受到长期水流的侵蚀，逐渐演变成今天复杂的喀斯特地貌。

在地表上，流域内的峰林、峰丛、天生桥和石林等喀斯特景观广泛分布。峰林和峰丛是喀斯特地貌中的典型形态，由石灰岩在长期的溶蚀过程中逐渐形成高耸的石峰，峰丛密集而分布广泛，峰林则更为孤立，形态陡峭。天生桥是另一种典型的喀斯特景观，指的是岩石在水流侵蚀和重力作用下自然形成的桥梁结构，其规模从小型到大型不等。石林则是在石灰岩风化、溶蚀作用下形成的垂直石柱群。这些喀斯特地貌形态不仅对当地的自然景观产生了深远影响，同时也为研究区域的水土空间分布、生态环境特点、区域经济发展等方面提供了特殊的地质背景。

喀斯特地貌的发育对红枫湖流域的水土流失具有至关重要的影响。该区域母质岩成土速率较慢，岩溶石山地貌普遍陡峭且破碎，使得地表水在暴雨冲刷下容易引发严重的土壤侵蚀。这一现象在植被覆盖较少的区域尤为突出，水土流失更加严重。当地表土壤在极端条件下被完全侵蚀后，大片石灰岩或白云岩裸露，导致土地生产力显著下降，生态系统失衡。这一过程形成的石漠化，已成为喀斯特地区常见的生态问题。石漠化不仅破坏了区域的农业生产力，还对生态环境的稳定性构成了重大威胁，严重影响到当地的可持续发展和生态系统功能的维护。因此，如何有效防治水土流失、控制石漠化，是喀斯特地区亟待解决的关键生态问题（黄燕鹏等，2024）。

流域内的土壤类型也深受地质地貌的影响。主要以黄壤和黄泥土为主，黄壤由于熟化程度不高，在流域内分布广泛，但耕作价值较低。黄泥土是该流域面积最大的耕作土，广泛分布于河谷、盆地及缓坡地带，适合农业种植。水稻土主要分布在河谷的低洼地带，这些区域地势较为平坦，水源丰富，特别是在坝区地带，水稻种植占据了主要的农业活动。在石灰岩地区常见石灰土分布，这种土壤与石灰岩密切相关，含钙量较高，但土壤保水性较差。

由于喀斯特地貌的溶蚀性，红枫湖流域的水文系统也具有特殊性。地表水迅速通过岩溶裂隙和溶洞系统下渗，形成了复杂的地下水系。这种地表水与地下水的相互转换使得红枫湖流域的水文环境具有季节性和不稳定性，雨季时地表径流丰沛，而旱季则主要依赖地下水的补给。地下水系统的复杂性和丰富性使得红枫湖流域成为国家重要的地下水战略储备区之一（中国地质图书馆（中国地质调查局地学文献中心），2023），地下水在旱季和农业灌溉中起到了至关重要的作用。

1.4　自然资源

红枫湖流域的自然资源丰富多样，涵盖植被类型、矿产资源、耕地资源和水产养殖等多个方面，为该区域的生态平衡与经济发展提供了坚实的基础。

首先，红枫湖流域的耕地资源也极为丰富。特别是在中部的坝区，土地资源较为丰富。由于地势平坦，土壤肥力较好，红枫湖流域是黔中地区的主要粮食生产基地之一。该地区农作物种类丰富，主要以水稻、玉米、小麦等为主，农业生产规模较大，土地利用率高，加之交通区位优越，农产品加工业发达。

流域的植被类型主要为亚热带常绿阔叶林和常绿针叶林混交林，这些森林植被在维持区域生态平衡中起到了至关重要的作用。由于喀斯特地貌的广泛分布和长期的农业利用开发，植被覆盖受到一定限制和影响。但随着流域内饮用水源保护区的建立，临水区域的植被得到恢复，形成了一个水陆相邻、高低错落、层次分明的生态区域，增加了生物多样性。近年来在流域内发现了包括中华秋沙鸭等国家濒危物种的踪迹，表明流域生态环境得到了改善，同时具有重要的生态保护价值。

红枫湖流域的植被类型多样，既包括天然的森林资源，也涵盖了大量的用材林和经济林。主要的用材树种如松树、杉树和柏树，广泛用于建筑材料和造纸工业中，具有重要的经济价值。

同时，流域内的经济林种类繁多，如山苍子、杜仲、棕榈、油茶、油桐、乌桕、漆树和盐肤木等。这些树种为当地居民提供了可持续的经济来源，其中尤以油桐、油茶和漆树的经济效益最为显著。油桐和油茶作为重要的油料作物，在食品工业中具有广泛应用，其产出的油脂也是工业领域的重要原材料；漆树则因其优质漆液广泛用于漆器制作，成为当地一大特色资源。这些资源的多样性体现了红枫湖流域在生态和经济发展方面的独特优势，为当地生态经济的发展提供了坚实的基础。

矿产资源也是红枫湖流域自然资源的重要组成部分。该地区已探明的矿产资源超过 30 种，主要包括煤炭、铁矿、铝土矿以及石灰岩、白云岩、硅石、高岭石、绿泥石、重晶石、云母等。这些矿产资源为流域的工业化发展奠定了坚实的基础。其中，猫场矿区是中国最大的连片矿区之一，面积约为 80 km^2，估计储量为 1.56 亿 t。丰富的矿产资源不仅带动了当地的经济发展，也使得红枫湖流域成为贵州省乃至全国重要的资源输出基地。

水产养殖在红枫湖流域的经济活动中也占据了重要位置。流域内湖泊和水库中的丰富水资源为养殖业提供了良好的基础，促进了水产养殖产业的快速发展，是贵州省水产养殖的主要生产区之一。水产养殖不仅推动了当地农业经济的增长，也为当地居民提供了就业机会和经济收入，是区域内农业经济的重要支柱之一。

随着红枫湖流域长期的农业开发和矿产资源的开采，区域内的森林覆盖率逐渐下降，生态安全和水安全问题日益突出。农业活动的持续扩展导致森林植被退化，生物多样性降低，土壤覆盖率减少，水土流失严重，用于耕种的农业肥料被直接排入河道和湖泊，进一步加剧了河流面源污染。同时，矿产资源的过度开采对生态环境产生了深远的负面影响，尤其在喀斯特地貌地区，这种脆弱的生态系统更容易受到采矿活动的破坏，进一步导致了严重的水土流失和石漠化问题的发生。长期的大规模开采不仅破坏了当地的生态平衡，还给流域内的水资源供应和农业生产带来了潜在威胁。喀斯特地区的生态系统一旦遭到破坏，恢复难度极大，甚至不可逆转。因此，该区域的自然资源开发利用方式亟待优化，必须强化生态保护和修复措施。针对日益加剧的生态危机，采取有效的综合治理手段和科学的管理机制，确保红枫湖流域的生态安全和可持续发展刻不容缓。

1.5　社会经济文化

红枫湖流域所在地区是贵州省重要的民族聚居区，具有深厚的民族文化底蕴。据第七次全国人口普查数据显示，红枫湖所在的清镇市和平坝区总人口约为 98.87 万，其中少数民族人口占总人口的 27.06%。主要少数民族包括布依族、回族、苗族、彝族、仡佬族等。流域内的少数民族不仅数量众多，且民族文化特色鲜明，是贵州省少数民族风俗和文化的一个重要窗口。布依族、苗族的传统节日、服饰、建筑等民俗文化得到了很好的传承，并成为吸引游客的重要元素。同时，红枫湖流域也以其丰富的民族文化被誉为“中国屯堡文化之乡”“中国民间文化艺术之乡”“中国清真美食之乡”，这些称号为黔中地区的旅游和文化传播提供了强有力的支持。

红枫湖并不是天然湖泊，而是在 1959 年通过修建水库形成的人工湖泊。当地水库于 1960 年建成，这一水利工程不仅为周边地区提供了稳定的生产和生活用水，还为农业、渔业及旅游业的发展奠定了基础。流域内的两个主要行政区——清镇市和平坝区，在经济结构上存在一定差异。清镇市的经济以工业为主，工业产值占全市总经济产值的 45.00%以上。自“十二五”期间，清镇市的经济增速在贵州省名列前茅，年均生产总值增速达到 16.66%，成为省内工业发展的代表。而平坝区则以农业为主，尤其是在平坦的坝区，已建成 9 个面积在万亩[①]以上的特色优势产业基地，成为省级、地级商品粮基地，全国华山松良种基地也位于此地。随着农产品深加工产业和旅游业的崛起，平坝区的第三产业占比逐步增加，截至 2023 年，清镇市和平坝区的第三产业占比均接近 50.00%，且农业比例正在逐步下降，表明该区域的经济结构逐渐趋向多元集约型经济转型。

旅游业是红枫湖流域经济社会发展的重要组成部分。红枫湖不仅拥有优美的自然景观和独特的喀斯特地貌，还融入了贵州省少数民族的丰富文化。湖区一年四季气候温和，尤其是夏季，气候凉爽宜人，成为了避暑胜地，吸引了大量省内外游客。红枫湖不仅是欣赏湖光山色的理想场所，还是体验贵州地区民族风情的窗口，游客可以在此感受布依族、苗族等民族的文化节庆、民俗活动。依托这些丰富的自然和人文资源，红枫湖已成为贵州省的重要旅游胜地之一。作为贵州西线黄金旅游的起点，红枫湖自 1987 年起被贵州省人民政府评定为省级风景名胜区，1988 年又被国务院批准为第二批国家重点风景名胜区。目前，红枫湖景区已被评为国家 AAAA 级旅游景区。景区内，除了自然景观和民族文化外，还结合了农业文化的旅游项目，形成了“民族文化＋旅游”“农业文化＋旅游”的复合经济模式。这一模式不仅促进了旅游业的发展，还推动了当地经济的多元化转型，为流域内居民提供了更多就业机会。

红枫湖流域内的农作物种类繁多，主要种植稻谷、玉米、小麦等粮食作物，此外，还有油菜、蔬菜等经济作物。随着经济结构调整、农业现代化进步，中部地势平坦区域的农区在农产品结构、生产模式、产业链结构等方面不断优化。具体措施包括：①“稻＋N”等多元种植模式，提升农业生产效率；②推行“林下＋”经济模式，推动林地资源的集约化利用，实现林下经济的可持续发展；③大力推广蔬菜规模化种植，建设万亩蔬菜基地；④发展优质水稻和畜牧业，打造贵州省最大的肉牛全产业链基地，确保粮食安全和肉类供应的稳定性；⑤推进农业全产业链建设，实现三大产业融合发展；⑥通过发展“农业＋大健康＋旅游＋互联网”等模式，提升农产品的附加值，推动区域经济的全面发展。

1.6　研究区生态系统健康与管控的重要性

红枫湖是猫跳河梯级电站的龙头水库，承担着贵州省重要的水资源供应与生态保护功能。根据《贵州省水功能区划》，红枫湖水库属于饮用水源、景观娱乐用水区，是乌江水系支流猫跳河进行梯级开发而形成的省内面积最大的人工水库之一，是贵阳市、贵安新区珍贵的“三口水缸”之一，以城市供水的功能为主，灌溉、发电、旅游为辅。其一级保护区面积为 26.21 km^2，二级保护区面积为 126.74 km^2，准保护区面积为 291.30 km^2，保护范围面积较广，是生态保护和水资源调配的重要枢纽(曾华献 等，2020)。

1.6.1　贵州省经济核心区可持续发展的重要支撑

作为贵阳市、贵安新区的供水来源，红枫湖为超过 120 万居民提供饮用水，供水量占贵阳、贵安主城区用水总量的 70%。这一资源对于保障当地居民的生活质量和推动区域经济

① 1 亩≈666.67 m^2，下同。

可持续发展至关重要。尤其是在近年来贵州省经济快速发展的背景下，水资源的重要性愈加凸显。

贵阳市是贵州省的经济中心和增长引擎。作为全省政治、经济、文化中心和交通枢纽，贵阳市拥有全省最高的经济总量和最快的经济增速。近年来，随着新兴产业的发展以及基础设施的不断完善，贵阳市已成为贵州省内经济最为活跃的城市。其工业、金融、信息技术等产业链条不断完善，具备较强的辐射带动作用，尤其是在高技术产业、服务业以及大数据产业方面，贵阳市的影响力正在迅速提升。贵阳市近年来大力发展大数据产业，成功举办了多届中国国际大数据产业博览会，吸引了大量国内外知名企业的入驻和投资，推动了区域经济结构的优化升级，为贵州省的经济腾飞提供了强劲动力。依托其优越的地理位置和发达的交通网络，贵阳市是西南地区连接全国其他经济中心的重要节点，为贵州省全省乃至周边地区的经济物流提供了便利条件，增强了区域经济的融合发展。

贵安新区于 2013 年由贵州省人民政府批准设立，经国务院批复成为中国第八个国家级新区。新区的设立旨在带动周边区域经济协同发展，发挥经济辐射作用，推动贵州省整体经济转型升级，是贵州省的重要战略新区。贵安新区的发展目标包括打造全国重要的高端制造业基地、现代服务业中心以及大数据产业聚集区。新区内大数据产业的蓬勃发展，特别是随着腾讯、华为、苹果等科技巨头的入驻，贵安新区已成为全国大数据产业发展的“桥头堡”。这一产业不仅带动了贵州省数字经济的发展，还促进了全省经济结构的优化调整。同时在“一带一路”倡议的带动下，新区连接东南沿海与西部内陆的重要通道作用更加突出。通过与沿海发达地区的经济合作和产业对接，贵安新区成为了吸引外资、技术转移和创新资源集聚的重要载体。其开放的经济政策和优惠的投资环境吸引了大量外资和国内企业，推动了区域产业的升级换代，并促进了贵州省与外部市场的联动发展。

红枫湖流域内有贵阳市经济技术开发区、安顺高新区两个国家开发区以及观山湖现代制造工业园区一个省级重点工业区。贵阳市经济技术开发区积极推进新型工业化和新型城镇化，大力发展装备制造、电子信息及新能源汽车等主导产业。安顺高新区依托“三线”军工企业和地方特色优势，走出了一条“军民融合工业化、山地特色城镇化”的发展路径。不断发展壮大以军民融合为主导的高端装备制造业，聚集了一批航空航天、装备制造、新医药、电子信息、现代服务业等企业。观山湖现代制造工业园区以电子信息制造和生态特色食品加工为主导产业。截至 2023 年，园区内共有 35 家规模以上工业企业，总产值达 124 亿元。这些产业均依赖于红枫湖提供的宝贵水、电资源。

然而，红枫湖流域的经济发展也带来了巨大的环境和资源压力。自 20 世纪 60 年代以来，随着贵阳市及周边地区的工业化进程加快，红枫湖周边出现了大量的化工、纺织、造纸和发电等高耗水工业。这种快速工业化不仅加剧了水资源供给的压力，还对水质和生态环境产生了不利影响。进入 21 世纪，贵阳市的用水需求随着人口增长和经济快速发展，而红枫湖所在的乌江源头由于补给水源不足，且受全球气候变化的影响，极端降雨事件的频率和强度增加，水库面临供水压力。为此，贵州省政府加大了对红枫湖水库的治理力度，通过采取多项措施，确保水资源的合理分配和可持续利用。

总之，红枫湖作为贵州省经济核心区可持续发展的重要支撑，其水资源的管理和保护直接关系到贵阳市和贵安新区的经济命脉。未来，随着贵州省进一步推进产业结构转型和高质量发展，红枫湖的生态系统健康和水资源管理将变得愈加重要。确保红枫湖流域的可持续发展，不仅有助于维护贵州省经济增长的稳定性，还对区域生态环境保护具有重大意义。

1.6.2　红枫湖流域的生态压力与治理挑战

红枫湖流域的生态压力一直是贵州省生态保护与经济发展的重要问题。1988 年，经国务院批准，红枫湖成为第二批国家重点风景名胜区，周边旅游产业迅速发展；同时，由于多年工业、农业及生活污染的累积，自 2004 年开始，红枫湖湖面出现了大面积绿藻，水质从建库初期的Ⅱ类降至Ⅴ类，2007 年大部分区域更是达到劣Ⅴ类水平，这不仅对生态系统构成了威胁，还直接影响了饮用水源的安全。为应对这些问题，贵州省贵阳市的清镇市启动了多项生态治理工程，包括沿湖村寨的生活污水处理、退湖进园、退湖进城、农业结构调整、一级保护区围网“五大工程”，以及拆除违章建筑、整治养殖场、强化法律保障“四大举措”，为恢复水质提供了支持。贵州省黄腊乡、长顺县水污染毗邻河道如图 1.2 所示。

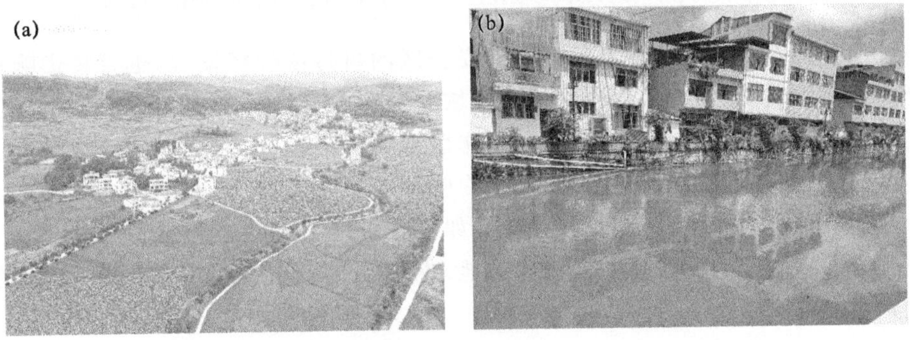

图 1.2　贵州省黄腊乡(a)、长顺县(b)水污染毗邻河道

喀斯特地貌也对红枫湖流域水安全和生态安全有着很深的影响。红枫湖周围的喀斯特地貌覆盖率达 81%，这一地区地势起伏大、土层薄、土地承载力差，加上人口密集、石漠化严重，导致水源分布不均，生态系统非常脆弱。这种环境下的生态恢复难度极大，一旦破坏，恢复成本高昂且周期长(白晓永 等，2023)。流域周边长期发展工业、农业、养殖，在排水和保水性较差的喀斯特地区，加之山地坡度较高，污染物质在地表径流的作用下，极易发生迁移，进入河道和湖泊(郭雯 等，2020)，加剧了污染物在红枫湖中沉积，导致水体中氮、磷营养物、有机物、总磷、总氮和亚硝酸盐等指标普遍超标，加剧了污染物在水体中的沉积。在地下由于喀斯特地貌的二元三维水文结构导致污染物容易通过溶洞、裂隙等地下通道扩散，这使得污染问题在流域内快速迁移，直接威胁河道和湖泊的水质安全。

为了有效应对这些问题，加强统筹管理能力，自 2007 年以来，贵阳市政府加强了对红枫湖的水质保护与管理，成立了“两湖一库”管理局。在管理局的推动下，红枫湖开启了一系列综合治理工程，重点包括“净土清源”“退湖进城”和“综合整治”三大主题。通过减排技术和污染治理科技项目的实施，红枫湖的水质逐渐得到改善，尤其是科技在污染控制中的应用显著提升了治理效果(图 1.3a)；同时，推进地方立法，通过《贵州省红枫湖百花湖水资源环境保护条例》等法规，设立了全国首个生态环保法庭(图 1.3b)，通过加大执法力度，进一步强化、完善了生态环境法规体系和环境资源司法保护体系。这些举措在一定程度上改善了红枫湖的水质，使其维持在Ⅰ至Ⅲ类的标准。2017 年，贵安新区发布了《贵安新区直管区山水林田湖生态保护修复实施方案(2017—2020 年)》。该方案明确将红枫湖流域列为重点治理区域，提出了以生态修复为核心的治理方向。然而，随着贵阳城市扩张和贵安新区的建设，红枫湖面临的生态压力再次加大，特别是水源保护区的进一步开发，使得水资源保护的任务更加艰巨。

图 1.3　红枫湖周边污水处理设施(a)、清镇市红枫湖生态环保法庭(b)

喀斯特地貌的脆弱生态环境不仅关乎贵安新区的可持续经济发展，也直接影响贵阳市的生态安全和饮用水安全。因此，评价红枫湖流域的生态系统健康状况，对于促进区域生态系统的可持续发展具有深远的意义。尽管治理工作取得了一定成效，但红枫湖面临的生态压力依然不可小觑。喀斯特地貌的特殊性导致污染物极易迁移，加之水体自净能力有限，底泥的长期淤积，导致流域内的水质安全风险始终存在。如何在维持生态健康的同时，推动经济增长，将是红枫湖流域面临的长期挑战。在保护水源地、改善水质的同时，流域生态系统的修复与重建也亟须得到更多关注。

1.6.3　未来流域的水安全与生态系统面临的多重挑战

红枫湖作为贵州省省会贵阳市的重要饮用水源地，承载着保障黔中城市群生产、生活、生态用水的重要功能。然而，随着贵州省工业化和城镇化的快速推进，红枫湖流域的水安全与生态安全正面临着日益严峻的挑战。水资源过度开发、城镇化压力不断增加，使得该地区的生态环境逐渐恶化，尤其是在极端天气频发的背景下，红枫湖未来的水安全和生态安全形势更加复杂。

第一，红枫湖的主要水源补给依赖于降水，但近几年气候变化导致极端降雨事件频发(肖媚 等，2020)。这些极端降雨不仅影响了流域内的水资源管理，还对红枫湖的水质构成了威胁。极端降雨导致了河道径流量的急剧变化，常常伴随洪水和干旱交替出现，使得流域内的河床时而干涸(图 1.4a)，时而被污染物覆盖(图 1.4b)，水资源供应的不稳定性日益加剧。

图 1.4　2023 年河床干涸(a)、河道污染(b)

第二，贵州省提出的“工业强省”战略加剧了能源和水资源的消耗。工业化进程要求大量水资源用于生产和生活需求，尤其是黔中城市群作为全省经济的核心区域，其工业发展规模逐年扩大。红枫湖作为该区域的主要供水源头，不仅要满足贵阳、安顺等城市的生活用水需求，还要为各类工业活动提供生产用水。能源消耗的增加与工业废水的排放，直接加大了红枫湖的水质保护难度。高耗水工业的布局与发展，进一步加剧了水资源供需矛盾，加大了红枫湖流域的水安全压力。

城镇化也是红枫湖流域面临的重大挑战之一。贵安新区与红枫湖流域的空间位置关系如图 1.5 所示。黔中城市群是贵州省的经济核心地带，红枫湖流域内的贵阳、安顺、清镇以及贵安新区都是新一轮城镇化的重点区域。随着城镇化进程的加速，大量人口涌入流域，土地开发强度持续增加，资源消耗不断攀升，流域的水生态系统承受了巨大的压力。城镇化不仅增加了对水资源的需求，还带来了大量生活污水和工业废水的排放，给水质保护带来了严峻挑战。

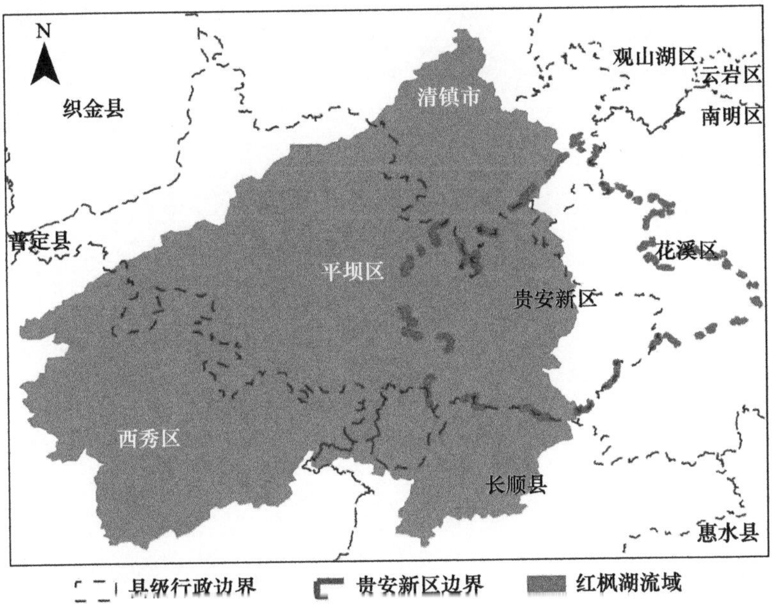

图 1.5　贵安新区与红枫湖流域的空间位置关系

特别是贵安新区的发展，作为国家级新区，贵安新区的建设加速了区域内土地开发和基础设施建设。然而，随着新区人口的增加和城镇化的加速推进，红枫湖的生态系统和水源地保护面临着更大的压力。新区建设需要大量土地资源的开发，这不仅会导致土地生态系统遭到破坏，还影响了水土保持，增加了水体污染的风险。新区的城镇化发展与红枫湖流域生态保护之间的矛盾，成为了该区域可持续发展的一大难题。

此外，随着流域内经济发展的加速，首先，在地质背景下，农业和工业的扩展进一步加剧了水污染风险。农业灌溉用水量增加，化肥和农药的使用、工业废水排放导致地表水体富营养化问题日益严重。其次，在水文二元结构下，污染物通过地表径流迅速渗透到地下水中，加剧了地下水污染且难以治理。这些农业污染物和工业废水在进入红枫湖后，营养元素在底泥中逐步累积，使得湖泊的富营养化问题难以根治，进一步威胁了水生态系统的稳定性。

与此同时，流域内的生态系统退化也使得水资源管理变得更加复杂。喀斯特地貌下，水土流失问题突出，土壤保持能力差，加之植被覆盖率低，使得生态系统难以有效吸附和过滤污染物。流域内水文条件的变化，使得洪水和干旱交替出现的频率加大，不仅影响了农业生产，也对红枫湖的水质稳定性构成威胁。

在如此复杂的产业发展与城镇化进程中，红枫湖流域的未来水安全和生态安全不仅关乎黔中城市群的可持续发展，更是贵州省经济长期发展的关键。因此，如何在维持经济增长的同时，确保生态系统的稳定与健康，是当前红枫湖流域管理的重要课题。

第2章 基础理论框架

2.1 生态系统健康

生态系统健康的概念随着生态学的发展逐步成型，是理解和管理自然环境的重要基础。早期的生态学思想可以追溯到19世纪中叶，德国生物学家Haeckel是这一领域的重要奠基者之一。1866年，Haeckel首次引入了“生态学”(Ecology)这一术语，强调生物体与其环境的相互联系。他的贡献为生态学奠定了理论基础，并提出将生物体与环境的关系视为一个复杂的网络系统。Haeckel的思想启发了后来的生态学家，使他们能够从宏观和微观的角度研究生态系统(Debourdeau，2016)。

生态学发展过程中，生态系统被视为动态的实体，由生物体之间及其与环境的相互作用构成。随着时间的推移，科学家们逐渐认识到生态系统不仅仅是个体生物的集合，还包括环境因素和生态过程，这些共同作用使得生态系统能够维持其结构和功能。人类作为一种生命体必须依赖一定的自然环境才能存活，一个地区的环境状况直接关系到该地区经济社会的发展和人类的生存与繁衍。生态系统健康这一概念，源于对这些复杂关系的进一步理解和对环境管理需求的增加。

2.1.1 生态系统健康的形成与发展

20世纪末，随着人类对环境的影响加剧，生态系统健康的概念逐渐受到关注。著名生态学家Costanza等(1992)提出了生态系统健康的理论框架，认为一个健康的生态系统应具备可持续性和稳定性，能够在应对外部胁迫时保持其基本功能。这一概念强调了生态系统健康对环境管理的意义，特别是在应对环境变化和人类活动对生态系统的影响时，生态系统健康成为了关键的评价标准。

Costanza的研究不仅提出了生态系统健康的理论框架，还引发了针对如何评估和管理生态系统健康的广泛讨论。Rapport等(1999)提出了增加生态敏感性维度，Khatun等(2022)、Xie等(2021)分别以湿地管理、城市扩张为对象，从湿地生态和城市发展特有属性设置框架维度中的指标。这一时期，生态学家们开始关注如何将生态系统健康的概念应用于实际的环境管理中。例如，在水资源管理中，评估河流和湖泊的健康状况成为环境保护的重要组成部分。对生态系统健康的研究，既从理论上深化了对自然系统的认识，也为制定保护措施提供了实践指导。

2.1.2 生态系统健康的复杂性与评估

Wilkins(1999)则对Costanza等人的观点进行了进一步探讨，强调了生态系统健康定义中的复杂性和潜在冲突。他指出，虽然健康的生态系统应具有自我调节和恢复能力，但不同利益相关者对“健康”的理解可能存在分歧。例如，经济发展与环境保护常常存在冲突，如何在平衡经济需求的同时确保生态系统健康，是环境管理中的一个重要挑战。随着发展需要，从社会、经济、生态等方面逐渐建立综合评价体系，联合国环境规划署（United Nations Environment Programme，UNEP）提出压力-状态-响应（PSR）框架应用于生态环境评估（Boori et al.，2022），一些学者从生态服务于社会、经济活动过程衍生出 DPSIR（Ntona et al.，2023）、DPSR（Wu et al.，2022）等框架。Wilkins 的批判性分析为我们理解生态系统健康的多维性提供了新的视角，也揭示了这一概念在实践应用中的挑战（刘焱序 等，2015）。

在评估生态系统健康的过程中，研究者们也逐渐认识到，不同类型的生态系统需要不同的评估方法。湖泊生态系统作为一种典型的淡水生态系统，具有独特的生态特征。Zhang（2014）的研究集中于湖泊生态系统的具体评估指标，为理解和评估淡水环境中的生态系统健康提供了框架。他的研究表明，水质、营养物质含量、生物多样性等因素是评估湖泊生态系统健康的关键指标。这些指标不仅反映了生态系统的当前状态，也为预判生态系统的未来发展趋势提供了依据。

2.1.3 生态系统健康的量化研究

近年来，随着技术和数据分析手段的进步，科学家们开始使用科学计量方法来深入研究生态系统健康的各个方面。Yang 等（2019）通过科学计量学方法，分析了全球范围内主要作者的研究成果，总结了关于生态系统健康的研究趋势。他们的工作展示了量化生态健康工作的持续增长和深入探讨。研究表明，对于生态系统健康的研究已逐渐形成了多个子领域，包括气候变化对生态系统健康的影响、生态恢复技术的应用等。

这一趋势反映了全球对环境问题日益增长的关注。通过量化生物多样性、生物量及其他生理指标代表生态系统健康情况，Choi 等（2023）总结了浮游动物指数在测量河湖生态系统健康的实际应用，Liu X 等（2023）将化学评价指数（DO、TLI、Igeo）与生态完整性指数（B-IBI、SAV-IBI、M-IBI）结合评估白洋淀流域生态系统健康。随着气候变化和人类活动对自然环境的影响加剧，生态系统健康研究已经从早期的理论探讨，逐步转向对全球环境变化的应对与管理。科学计量学的研究不仅帮助我们更好地理解生态系统健康的理论发展，还为未来的研究方向提供了数据支持。

2.1.4 生态系统健康的现代意义

从生态系统的角度来看，一个健康的生态系统应该具备稳定性和可持续性。它能够在时间的长河中保持其组织结构和功能，并且具备应对外部胁迫的自我恢复能力。这种恢复能力，不仅体现在生态系统面对自然灾害、气候变化等环境冲击时的反应，还包括它对人类活动干扰的抵抗能力。生态系统健康的核心在于维持其生物多样性、物质循环和能量流动的平衡。

对于现代生态系统健康的评估不仅仅局限于生物层面的分析，还需要结合环境、社会和经济因素。生态系统与人类社会之间的相互作用，使得环境保护不再仅仅是生物学范畴内的讨论，还需要考虑经济社会发展、政策制定和资源利用的可持续性。正如 Costanza 等（1997）所指出的，生态系统健康与人类福祉息息相关，一个健康的生态系统能够为人类社会提供清洁的水源、丰富的生物资源和稳定的气候条件，反之，生态系统的退化将直接威胁人类的生存和发展。

2.1.5 喀斯特生态系统健康研究现状

喀斯特地区由于其独特的地形和水文特征，以及复杂的地质条件，使得该区域的生态系统具有鲜明的独特性和脆弱性。准确把握喀斯特生态系统的健康状况，对于推动区域的可持续发展具有重要意义。当前，关于喀斯特地区生态系统健康的研究已有一定基础，主要集中在石漠化特征(陈圣子 等，2016)、城市化进程(Zhao et al.，2020)、土地利用变化(Wang et al.，2022)以及社会-经济-生态相互融合的评价(邓欧 等，2020)等方面。然而，现有的研究较少从生态系统内部动态演变的角度进行系统诊断，对生态系统健康的演变过程和机制缺乏深入分析。

喀斯特生态系统的特殊性使得传统生态健康评价方法难以全面反映其复杂性，因此，构建专门针对喀斯特地区的生态健康评价体系尤为关键。这不仅可以揭示该地区生态系统的脆弱环节和潜在风险，还能够为科学制定生态保护与管理政策提供依据。此外，明确生态系统健康的演变特征及其驱动因素，有助于从系统角度理解喀斯特生态系统的响应机制，为地区生态修复和可持续发展提供理论支撑。

2.2　山水林田湖草(沙)生态要素的理论基础

山水林田湖草(沙)是中国生态文明建设的重要理念(刘威尔 等，2016)，强调生态系统的整体性和系统性。这一理念指出，山(山脉)、水(河流)、林(森林)、田(农田)、湖(湖泊)、草(草地)和沙(沙漠)是一个相互依存、相互作用的生命共同体，必须通过整体保护、系统修复和综合治理来实现生态的可持续性发展。这一理念避免了传统环境治理中单一要素修复的局限性，能够更加有效地应对生态环境的复杂问题，如水土流失、土地退化和生物多样性丧失等。

2.2.1　生态整体主义理论

山水林田湖草(沙)生命共同体中的生命共同体概念，与 Aldo Leopold 在其生态整体主义理论中提出的共同体理念相似，二者都强调生态系统应作为一个整体存在，并需要注重整体内部各要素之间的相互联系与作用。Leopold(1949)的生态整体主义(Holistic Ecosystem)主张，不应将生态系统中的某一部分视为核心，而是要认识到整个生态系统的各部分在维持整体平衡与健康中的重要性。每个组成部分都有其独特的功能和作用，它们共同构成了生态系统的稳定性和可持续性。

山水林田湖草(沙)作为自然系统中的重要元素，其各自的功能是通过能量、物质和信息的交换来实现的。山体不仅是水源的汇集地，还通过其植被对水分、土壤和能量进行调节和再分配；水体是生态系统的核心，承载着生物的生存环境，同时也是能量和物质交换的主要通道；森林作为生物多样性的重要载体，通过光合作用和物质循环为整个生态系统提供了稳定的能量来源；农田则是人类生产生活的主要空间，通过合理的耕作和管理，农田可以促进生态系统中的物质循环；湖泊则作为水体蓄积和调节的主要场所，对生态系统的稳定性具有重要意义；草地作为植被系统的一部分，承担着防止水土流失、调节水分循环和提供生物栖息地的重要功能(苏维词 等，2020)。沙地通过能量反射、物质搬运、生境支持等功能，与其他自然要素协同维持系统的稳定性(Fóti et al.，2023)。

在生态整体性的框架下，这些要素并不是孤立存在的。山地的植被覆盖率影响着水源的质量，森林的健康状况直接关系到土壤的肥力和水体的净化能力，而草地的生态功能则对防止沙漠化和土壤侵蚀起着重要作用。任何一个要素的改变都会对其他要素产生连锁反应。例如，水体污染不仅会影响水生生物的生存，还会通过水循环对土壤和植被产生负面影响，进而破坏整个生态系统的平衡。因此，保持山水林田湖草(沙)各个要素之间的动态平衡，对于维持生态系统的健康与稳定至关重要。

2.2.2 景观生态学理论

景观生态学(Landscape Ecology)是一门研究生态系统在空间和时间尺度上模式、过程及其相互作用的学科，主要关注景观中的空间异质性及其对生态过程的影响(傅伯杰 等，2001；Wu et al.，2007)。空间异质性是指景观内不同生态单元(如森林、草地、水体等)在空间上的分布差异，以及这些单元在相互作用中的功能。正是这种异质性使得景观生态系统具备复杂性，不同的土地利用方式或自然单元之间的相互影响构成了生态系统的动态平衡。在此背景下，山水林田湖草(沙)作为典型的生态单元集合，成为景观生态学研究中的重要组成部分。

景观生态学为理解和管理山水林田湖草(沙)生命共同体提供了重要的理论基础和实践方法。山、水、林、田、湖、草(沙)等不同生态单元之间的相互作用，不仅关系到生态系统的健康与稳定，还直接影响到区域环境的可持续性。山体为水源地提供蓄水和调节功能，森林和草地作为涵养水源、保持土壤和维持生物多样性的关键单元，能够防止水土流失并提供重要的生态服务。湖泊则是水体净化和沉积物过滤的重要生态节点。田地作为人类活动的载体，在粮食生产的同时，也对生态环境产生影响，沙因其特殊性，协同其他要素维持地球的稳定性。沙将这些单元结合起来，形成山水林田湖草(沙)生命共同体，景观生态学为人们认识到它们之间复杂的联系提供了科学依据。

在实践层面，景观生态学帮助我们更好地理解各生态单元之间的相互作用，以及人类活动对这些互动的影响。例如，山体的地质特征和坡度决定了水流的方向和速度，进而影响下游的水质和生态平衡；森林的覆盖率与植被类型则影响了水土保持的效果和土壤的肥力，进而影响农业生产的可持续性；而水体的自净能力受到周边土地利用方式和植被状况的作用。通过景观生态学的分析，人们能够预测景观单元之间的相互作用并用于评估整个区域生态系统的长期健康状况。

景观生态学的一个核心理念是强调系统的整体性。生态系统中的各个单元并非孤立存在，而是通过能量流动、物质循环和信息交换紧密联系在一起。正如山水林田湖草(沙)这七大生态要素，它们共同构成了一个有机的生态网络。在这一网络中，任何一个单元的变化都会引起连锁反应。比如，山地植被的减少可能导致水土流失加剧，进而影响湖泊水质，最终影响到下游的农业生产。因此，景观生态学的整体性思维为管理这些生态单元提供了全面的视角，要求在生态保护和资源利用中统筹考虑各个单元之间的关系。

同时，景观生态学还强调时间尺度的作用，指出生态过程不仅在空间上具有异质性，还在时间上表现出动态变化。例如，气候变化、季节性波动和人类活动对生态系统的长期影响，都在时间尺度上逐步累积。这些时间维度的变化往往与空间异质性相互作用，形成复杂的生态过程。以山水林田湖草为例，随着气候变暖，水资源的时空分布必将发生变化，植被的生长周期和农业的生产模式也将改变，地形地貌也在水动力的作用下累积变化。因此，景观生态学通过时间和空间双重维度的分析，帮助我们更好地预测生态系统的变化趋势，并提出相应的管理和保护策略。

景观生态学为理解山水林田湖草(沙)生命共同体提供了全面的理论框架和实践工具。通过强调空间和时间维度的复杂性，揭示不同生态单元之间的相互作用，景观生态学帮助我们更深入地认识自然生态系统的整体性。景观生态学的整体性理念为生态保护和可持续发展提供了科学支持，推动我们在管理生态系统时统筹考虑各个要素的相互关系，从而更有效地应对复杂的生态挑战。

2.2.3　可持续发展理论

可持续发展理论由三个核心支柱构成：经济可行性、环境可持续性和社会公平性。它要求在满足当代人需求的同时，不损害未来世代满足其需求的能力，即强调代际公平（Brundtland，1987）。这一理论主张经济、社会和环境应作为一个复杂而互相关联的系统，彼此间相互协调、相互影响，不能割裂开来。从系统思维的角度来看，发展与环境保护并非对立，而是可以通过合理的资源管理和技术创新实现兼容与平衡。因此，可持续发展不仅是经济增长的追求，也关乎环境保护和社会福祉的和谐共生。

山水林田湖草（沙）作为自然的基础要素，其协调发展是维护生态平衡、实现可持续发展的关键。这些要素共同构成了生态系统的核心，不仅提供了人类赖以生存的资源和服务，如水源、粮食、气候调节和生物多样性，还在维持环境稳定性、减缓自然灾害等方面发挥重要作用。山水林田湖草（沙）的综合管理，不仅能够减少资源浪费和环境污染，还能够提高资源利用效率，推动经济和环境的协调发展。

山水林田湖草（沙）生命共同体概念强调各生态要素之间的有机联系与共生关系，正如可持续发展理论中的系统思维所提倡的那样。山（山地）是水源涵养和水土保持的重要区域，水（河流，也包括湖泊中的水）是生命之源，林（森林）和草（草地）在碳汇、调节气候、维持生物多样性等方面发挥着重要作用，田（农田）是粮食生产的基本保障，而湖（湖泊湿地）则是水资源储备和净化的重要环节，沙（沙土）则是独特的生态系统载体。山水林田湖草（沙）的协调发展，是实现生态系统平衡和健康的基础。这些要素之间的相互依赖和相互作用，决定了整个生态系统的稳定性和可持续性。

从可持续发展的角度来看，山水林田湖草（沙）系统的管理需要在资源利用和环境保护之间取得平衡。过度开发自然资源、忽视生态环境会导致环境恶化，影响经济发展的长远利益。例如，山地的过度开发可能会导致水土流失和生态退化，最终影响水资源的供应；森林和草地的减少会降低碳吸收能力，进而加剧气候变化的影响；农田的不合理使用可能会引发土地退化，影响粮食安全。因此，必须将自然资源的合理利用与环境保护纳入发展战略中，通过科学规划和管理，确保对山水林田湖草（沙）的长效保护。

2.2.4　生态系统服务理论

生态系统服务理论（Ecosystem Services Theory）是一种研究自然生态系统为人类社会提供多种重要服务的理论框架。该理论强调，生态系统不仅是生物多样性和生态过程的载体，还为人类社会提供了关键的物质、调节、文化和支持服务，还特别关注不同生态系统服务之间的相互关系，揭示在追求最大化某种生态服务时，可能会导致其他服务衰退的风险（Bennett et al.，2009）。这一认识促使人们更加注重在生态系统管理中的综合权衡，避免因片面开发导致生态功能的失衡。

通过生态系统服务理论的视角，我们可以更深入地理解山水林田湖草（沙）各要素的协同作用。例如，水源涵养这一生态服务，需要在多个子系统的协同作用下实现，包括水资源的蓄积量(水、湖)、植被覆盖度(林、草)以及地形特征(山)的共同作用。在山地生态系统中,地形坡度大、植被覆盖度低的区域,水土流失的风险更大,这不仅影响到水资源的调蓄功能,还可能影响农田的生产力。此外,不同类型的农田,如旱地和水田,由于水资源条件的差异,也导致其能够种植的作物种类有所不同。通过理解这些相互关系,我们能够更好地规划和管理自然资源,实现生态服务的最大化。

生态系统服务理论在山水林田湖草(沙)的管理中具有重要的指导意义。一方面,它帮助我们认识到不同生态要素之间的权衡与协作;另一方面,它也揭示了空间和时间维度上生态服务的动态变化。例如,在某一特定区域最大化某种生态服务(如农业生产)时,可能会导致其他服务(如水源涵养、土壤保护)的衰退。因此,在山水林田湖草(沙)系统的管理中,需要根据生态系统服务此消彼长的时空关系,寻找空间配置的最优解,要根据生态系统服务的空间流向、流速、流量,准确把握受益对象,通过科学的保护修复方法增强居民生态福祉,既要满足人类对资源的需求,也要确保生态系统的长期健康与稳定。

总的来说,山水林田湖草(沙)系统通过彼此的相互作用,共同提供了多种生态服务,如水源涵养、土壤保护、生物多样性维护以及农田生产力保障。这些服务在空间和时间上相互依赖、相互影响,构成了一个复杂的生态网络。在这一网络中,各生态要素的健康与平衡直接关系到生态系统服务的有效性和可持续性。

2.2.5 生态恢复理论

生态恢复(Ecological Restoration)理论的核心思想是通过恢复生态系统的自我修复能力,使其能够适应外部干扰,并在遭遇自然或人为冲击时恢复到平衡状态,从而维持生态系统的功能(Cairns,1989)。这一理论旨在从生态、社会和经济三个层面实现生态系统的恢复与可持续性,强调生态系统的整体性与各组成部分的相互作用(图 2.1)。生态系统中的生物、气候、土壤、地形等要素相互联系,任何局部的变化都会对整个系统的健康产生深远影响。这一理论与山水林田湖草(沙)的统筹修复和综合治理目标高度一致,强调通过建立各要素之间的协同关系,促进生态系统的良性循环与自我修复能力的提升。

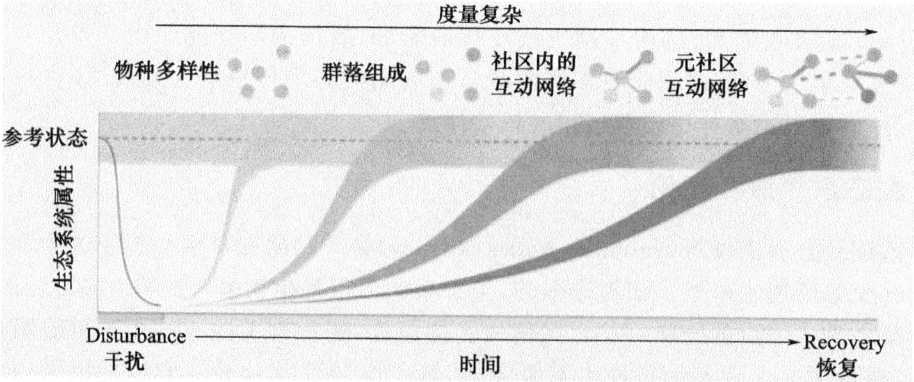

图 2.1 生态恢复过程

在山水林田湖草(沙)的管理中,各个生态要素会形成复杂的生态网络,生态恢复理论的应用能够为这一网络的修复与优化提供有效的框架。具体而言,山地、森林、河流、湖泊、草地、田地和沙地之间的相互作用决定了整个生态系统的健康与稳定。在外部干扰因素出现时,生态恢复理论通过改善系统内的各项功能，如水源涵养、土壤保护和生物多样性维护，促进生态系统自我修复，增强其对外界变化的适应性与恢复力。这一过程不仅仅是被动修复，而且是主动调节和恢复生态系统内的平衡。

基于自然的解决方案(Nature-based Solutions，NbS)是生态恢复理论的重要实践方法之一。NbS 的核心理念是通过保护、可持续利用和修复自然或已改变的生态系统，来有效应对当今社会面临的环境与社会挑战，同时促进人类福祉和生物多样性保护。NbS 的实施侧重于模拟自然过程，建立具有自组织能力的生态系统，使其具备适应性和恢复力，同时提供必要的生态系统服务。这一理念特别强调生态系统的自我调节和长期可持续性，与山水林田湖草(沙)的综合治理理念相得益彰。

NbS 的应用在山水林田湖草(沙)的生态恢复中具有重要意义。它不仅关注生态系统的单一功能恢复，更强调生态系统的多功能性，通过有效管理自然资源，解决社会与生态系统之间的冲突，实现社会-生态系统的和谐发展。例如，在流域生态恢复中，NbS 可以通过恢复河流的自然流态、湿地和湖泊的生态功能，从而改善水资源的调蓄和质量。在山地生态系统中，植被恢复和土壤保护能够降低水土流失的风险，增强生态系统的抗冲击能力。

NbS 的“基于自然”理念不仅仅是简单模仿自然，它还注重根据具体环境和目标进行适应性管理。这意味着在生态恢复过程中，管理者可以根据当地的生态条件和实际需求，灵活调整恢复措施，同时借鉴自然界的演替过程，逐步建立一个具有恢复力和自组织能力的生态系统。通过这种方式，生态恢复不仅能够解决环境问题，还能有效应对社会挑战，例如水资源短缺、气候变化和生物多样性减少等。

在山水林田湖草(沙)的生态恢复实践中，NbS 提供了一种具有多功能性和适应性的解决方案。通过恢复山地、河流、湖泊、森林、草地和沙地的自然功能，NbS 能够为生态系统提供多种生态服务，如水源涵养、碳汇功能和土壤保护。这种多功能性不仅满足了人类社会对资源的需求，也增强了生态系统的自我恢复能力和长期可持续性发展。

2.2.6　山水林田湖草(沙)生命共同体的核心思想

山水林田湖作为一个整体生命共同体的概念，首次由习近平总书记在 2013 年《关于〈中共中央关于全面深化改革若干重大问题的决定〉的说明》中提出，强调了统筹治理的必要性。这一论断指出，山水林田湖草不仅是自然环境中的单一要素，而是一个相互联系、相互依存的生态系统整体。此后，习近平总书记在多次讲话中提到这一概念，进一步丰富了生态文明建设的理论体系，强调自然资源的保护和管理必须遵循自然规律，推动系统化、整体化的生态保护与修复。党的十八大以来，中共中央不断推动山水林田湖草(沙)一体化治理的政策落实。2016 年，财政部、国土资源部、环境保护部联合印发的《关于推进山水林田湖生态保护修复工作的通知》正式提出了统筹修复的要求。2017 年，中央全面深化改革领导小组第三十七次会议将“草”纳入了这一生态保护修复体系中，2021 年全国两会期间，将“沙”也纳入体系中，形成了更加完整的生态系统框架。到 2020 年，《山水林田湖草生态保护修复工程指南(试行)》印发，标志着这一概念的实践逐步推进，水土工程累计治理面积超过 1 亿亩(李倩 等，2024)。

(1)统筹与共生

山水林田湖草(沙)生命共同体的提出，旨在强调自然界中不同生命要素之间的相互依存和共生关系。山、水、林、田、湖、草(沙)等自然要素不再被视为独立的个体，而是构成了一个紧密联系的有机生态系统，彼此之间相互依存，形成了一个动态平衡的生命共同体。这一理念的提出，体现了从单一要素治理向整体生态系统管理的重大转变，强调了统筹保护和系统修复的重要性。这种整体思维的提出，是对传统环境治理模式的突破，呼应了生态学的“共生”观念，即认为自然界中的各种生命体通过相互促进和依存，最终可实现整个生态系统的稳定和平衡(吴国雄 等，2020)。

(2)以“人”为核心

山水林田湖草(沙)的生命共同体观念不仅仅关注自然生态系统本身，还特别强调了人与自然的关系。在这一生态理念中，人类被视为生命共同体的重要组成部分，而不是独立于自然之外的“外部力量”。习近平总书记多次强调“人与自然是一个有机共同体”，并提出“人与自然和谐共生”的现代化发展模式。在这一框架下，生态保护和修复的最终目的是提升人类的生态福祉，使人类与自然能够共存共荣。

人与自然的关系不再是单向度的“利用”与“开发”，而是一个互动的、共生的过程。人类在利用自然资源时必须尊重自然规律，并通过科学管理实现可持续发展。生态系统的健康状况直接影响着人类的生活质量，而人类的行为同样会对自然系统产生深远影响。因此，生态修复和保护不仅仅是对自然的维护，更是对人类自身未来的投资。

(3)与传统理念差异

山水林田湖草(沙)概念的提出标志着生态修复和治理方式的一次重要转型。首先，它从传统的单一对象修复转向综合统筹治理。过去，生态保护往往集中于特定的自然资源，如水源保护、植被恢复等，而山水林田湖草(沙)则将这些自然要素视为相互关联的整体，要求从系统的角度进行统筹管理。这种综合治理方式不仅更加科学合理，也能更有效地应对复杂的生态问题。其次，在治理手段上，也从单一的“人工修复”转向了“自然恢复为主、人工干预为辅”的模式。自然生态系统具有自我修复的能力，过多的人工干预可能反而破坏了这一自然平衡。因此，生态修复的核心理念从“自然资源管理”逐步向“生态系统途径”转变，即通过尽可能利用自然系统的自我调节能力，减少人为的干预，实现生态系统的长期可持续性。山水林田湖草(沙)共同体的模式-过程-服务-可持续性框架如图 2.2 所示。

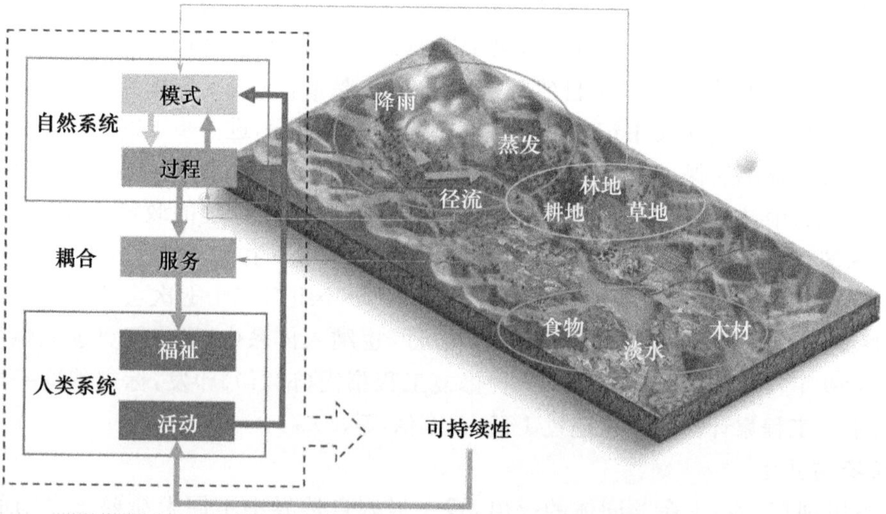

图 2.2　山水林田湖草(沙)共同体的模式-过程-服务-可持续性框架(Fu et al.，2022)

(4)研究现状

目前,山水林田湖草(沙)生命共同体研究分成三个方面。一是将概念解析和管理制度相结合进行探讨。成金华等(2019)、程婧(2023)多位学者多角度研究了山水林田湖草(沙)的内涵,强调山水林田湖草(沙)统筹角度对自然资源的一体化治理、保护管理、利用模式;傅伯杰(2020)提出以山水林田湖草(沙)统一的立体自然资源调查层次体系。二是随着山水林田湖草(沙)生态保护修复工程试点工作的实施,综合一体化生态治理方式成为重点。冯地宽(2022)、勾啸等(2023)明晰生态修护试验区生态问题治理制定统一治理方案;马伟波等(2020)以水系为控制单元建立水环境综合治理、环境质量改善、生境修复的生态工程修复体系。三是为了科学评价山水林田湖草(沙)生态保护修复工程实施成效,建立相关整体评价体系。王力等(2022)、杨菁等(2022)利用遥感技术辅助监测山水林田湖草(沙)生态修复项目的绩效。

但是,现阶段缺少从山水林田湖草(沙)协调关系视角评价生态系统健康以及各子系统相互依存、相互制约、协同演进的研究;但生命共同体的健康以及要素之间的协同和权衡决定着生态系统提供的各种服务能力、风险以及如何实施的生态管控措施(苏维词 等,2020),对其进行研究可以更好地了解自然生态系统的运行状态和生态平衡、优化资源配置和利用方式,有助于实现经济、社会和生态的协调发展,为未来世代提供可持续的生存和发展空间。因此,基于山水林田湖草(沙)这一新的视角评价生态系统健康及其各因子协调性是一个亟待研究的课题。

2.3　生态管控分区

生态管控分区是指在区域内,根据不同的生态环境特征对其进行划分,并对每个分区规划实施相应的生态管控政策和措施,保护生态环境、促进可持续发展。生态控制分区的理论基础侧重于生态系统服务和土地安全的整合。

2.3.1　生态管控分区的理论基础

生态管控分区的理论基础来自于生态学、景观生态学和可持续发展等多学科的交叉融合。其核心理念是通过空间规划和分区管理,优化生态系统功能,保障区域生态安全,并促进经济社会的可持续发展。

生态系统服务理论是生态管控分区的关键理论基础。该理论将生态系统视为一个整体,强调其为人类社会提供的多种服务,包括调节服务(如水源涵养、气候调节)、供给服务(如食物、水资源)、支持服务(如土壤生成、生物多样性)以及文化服务(如休闲娱乐、精神文化价值)(傅伯杰 等,2001)。生态管控分区的一个重要目标就是通过合理划定和管理不同功能区,最大限度地维持和提升这些生态系统服务功能,确保区域生态安全和社会福利。

景观生态学提供了分析不同生态单元在空间和时间尺度上相互作用的重要框架。通过研究景观的异质性、连通性和格局,景观生态学揭示了不同土地利用单元(如森林、湿地、农业用地等)之间的相互作用与动态平衡。在生态管控分区中,景观生态学可以帮助确定不同区域的关键生态过程和联系,确保区域内生态网络的完整性和生态功能的稳定性。

可持续发展强调了在满足当代需求的同时,不损害后代生存与发展的能力。这一理论将经济、社会与环境视为一个有机整体,并要求通过系统思维的方式协调各个领域的发展。生态管控分区正是基于这一理念,力求通过合理的空间规划,实现资源的高效利用与生态系统的长远健康发展。可持续发展理论要求生态管控分区在保护环境的前提下，兼顾区域经济的发展需求。

2.3.2 生态管控分区的分类标准

在生态管控分区的分类标准中，为了更好地发挥生态系统的服务功能并确保资源的可持续利用，通常需要基于自然环境条件和人类活动的综合影响来制定合适的分区策略。分类标准的设定不仅要考虑生态系统的内部特征，还需要结合区域发展的实际情况和需求。当前的生态管控分区模式主要可以分为三大类，它们分别是基于单一自然要素、主体功能以及行政区划的空间管控（秦鹏 等，2024）。

（1）单一自然要素的空间管控

基于生态系统中各个自然要素（如水、土、空气、声音等）的特点进行分类管理。这种分区模式依据还原论的思路，将生态系统中的每个要素单独进行分析和管理。比如，水资源的管控重点关注水源保护和水质改善；土壤治理则侧重于防止土壤退化、盐碱化和水土流失等问题；空气质量控制主要围绕空气污染的防治与气候调节；而噪声控制侧重于声环境的改善。这种单一要素的管控方式能够精确地针对每个生态要素所面临的具体问题，采取有针对性的管理和治理措施。

（2）主体功能的空间管控

基于生态系统的整体功能和区域作用来进行划分。这种分区模式依据整体论的思路，将区域按照生态功能的重要性和整体功能进行等级划分。例如，一些区域可能被划分为生态核心保护区，这些区域往往是生物多样性丰富、生态功能重要的地区，必须受到严格的保护和管理。其他一些区域可能被划分为生态恢复区或生态缓冲区，这些区域的生态功能相对较弱，或是曾经受到过破坏，亟须采取修复措施。通过限制人类活动的强度，确保核心生态功能不受破坏，有效保障区域内的生态安全，维持生态系统的整体健康。

（3）行政区划的空间管控

根据政府的条块管理体系以及行政权力的划分来制定。这种分区模式主要依据行政区划与事权配置的情况，将生态管控任务分配到各级行政管理单位。在这一模式下，各级政府会根据土地利用、城镇化进程、工业化发展等人类活动对环境的影响，结合地方的发展目标与政策，制定相应的生态管控分区。这一管控方式结合了地方政府的实际管辖权力和政策执行能力。例如，在城市区域，地方政府通常会设定严格的环境保护条例，控制工业污染和城市扩张对周边生态系统的影响。而在农村地区，生态管控更多关注于农业活动对土壤、水资源以及生态环境的影响，从而制定相应的农业生态保护政策。

2.3.3 研究现状

生态管控分区的研究在国内外均取得了显著进展，尤其是在面对日益严峻的生态环境挑战时，分区管控被认为是实现生态保护与可持续发展之间平衡的有效手段。早期的研究主要起源于工业革命后期，随着工业化的快速推进，许多国家较早面临生态环境恶化的问题。为了应对这些问题，许多发达国家通过划定生态保护区和环境敏感区，试图保护生物多样性和生态系统服务功能。Coetzee(2017)、Halpern 等(2008)、Jennings 等(1988)在各自的研究中讨论了通过生态区划的方式来保护关键生态系统功能和生物多样性。世界自然保护联盟(IUCN)也提出了严格、一般、可持续利用三级生态管控策略(Watson et al. ,2014),广泛应用于全球范围的自然保护区管理中。

我国在生态管控分区的研究和实践方面起步较晚,但近年来发展迅速,尤其是在国家政策的推动下,生态管控分区已经成为生态环境保护工作中的重要内容之一。2017 年发布的《生态保护红线划定指南》(以下简称《指南》)为我国的生态管控分区提供了框架基础。该《指南》从生态敏感性和生态服务功能两方面出发,综合考虑了水源涵养、水土保持、水土流失敏感性、石漠化敏感性等八个因素,制定了生态红线的划定标准。生态红线作为我国生态管控的重要工具,旨在确保重要生态功能区的完整性和生态系统服务功能的长期稳定。学者们也在不断深化对生态管控分区的研究。例如:欧阳志云(2005)分别从社会、经济、自然复合的生态系统特征对生态分区方法进行了讨论,强调了经济社会与自然生态系统互动的复杂性;陈杰等(2010)依据生态脆弱性将淮河流域分为 3 个脆弱生态区、13 个脆弱生态亚区和 43 个脆弱生态地区,以此提供更加精细的生态保护与治理对策;李国煜等(2018) 将生态空间分为不同尺度的功能区(区域—景观—地块),进一步细化了生态空间管理的层次;闵敏等(2019) 通过对岸线资源的综合评价,提出了岸线划定和管控区的具体方案,推动了精细化的生态分区治理体系的建立。

随着生态文明建设的不断深入,党的二十届三中全会明确提出了要实施分区域、差异化、精准管控的生态环境管理制度。这表明,生态环境的分区管控已成为深化生态文明体制改革的核心举措之一,也是完善生态文明基础制度的重要支撑。通过分区域的精准管理,可以更加有效地解决不同区域在生态保护和经济发展之间的冲突,确保生态资源的可持续利用。

随着山水林田湖草(沙)生命共同体理念的引入,生态管控分区的研究进入了一个新的阶段。基于这一视角,分区管控的研究进一步从传统的要素划分向综合治理过渡。通过统筹山、水、林、田、湖、草(沙)等各类自然资源,构建综合的生态管理体系,能够更好地促进实现生态保护与可持续发展的双重目标。

第3章 基于VORS的喀斯特流域生态健康诊断与时空演变

喀斯特地区由于其独特的地形、水文特征以及基础地质条件，具有极强的生态脆弱性和独特性。这些地区的生态系统容易受到外界环境变化的影响，其生态健康状况直接关系到区域的可持续发展。然而，现有的研究多侧重于静态的生态系统评价，较少从生态系统本身的维度进行动态分析，更缺乏系统性地诊断生态系统健康及其时空演变特征。因此，建立一套反映喀斯特地区生态系统特性的健康评价体系，并深入分析其时空演变特征，是揭示喀斯特生态系统健康状况及其影响因子的关键步骤。

为此，本章选择了典型的喀斯特流域——红枫湖流域作为研究对象，采用了活力-组织-弹性-服务(VORS)生态系统健康评价框架，重点结合喀斯特地区的石漠化特征对弹性维度指标进行了优化。该评价框架不仅能够反映生态系统的综合健康状况(Sha et al.，2018)，还通过耦合 TOPSIS 方法对研究区多时序节点的生态健康进行了全面的定量评估，从数量统计和空间分布两个维度揭示其健康演变特征。

为进一步明晰红枫湖流域生态系统健康的时空变化趋势，本书采用了 Sen 斜率估计(Theil-Sen Median)和 M-K 测试(Mann-Kendall 检验)，对 1990—2020 年的生态健康时空变化趋势进行了分析。同时，结合历史气象灾害、已实施的生态修复措施、城镇化进程以及产业调整等多重因素，深入探讨了影响生态健康各维度变化的主导因子。通过这一研究框架，能够为喀斯特地区的生态管理和可持续发展提供更加科学的决策依据，推动该地区生态环境的有效保护与恢复。

3.1 数据来源

本研究以 1990—2020 年为时间跨度，每隔 5 年选取一个时间节点，共 7 个时间节点，结合遥感指数、景观特征和地形数据，进行喀斯特流域生态健康诊断与时空演变分析。具体数据来源和处理步骤如下。

(1)遥感指数数据

从地理空间云平台下载对应年份的 Landsat-5 TM 或 Landsat-8 OLI 遥感影像，影像分辨率为 30 m。经过辐射校正、大气校正等预处理后，参照第 3.2 节中的相应计算公式，利用 ENVI 软件进行波段计算，生成归一化植被指数(NDVI)、归一化水分指数(NMDI)、岩石裸露率(Fr)和地表温度(LST)等遥感指数图。

(2)景观数据

使用监督分类方法中的支持向量机(SVM)算法，将预处理后的遥感影像划分为 6 类土地利用类型，包括建设用地、耕地、林地、水域、草地及未利用地。通过目视解译和野外调查，对分类结果进行校正，最终得到土地利用数据，kappa 系数为 85.3%。在解译的土地利用基础上，使用 Fragstats 软件计算景观指数，如香农多样性指数(SHDI)、分离度(DIVISION)和聚集度(CONTAG)。

(3)地形数据

利用 ArcGIS 中的空间分析模块，从美国国家航空航天局(NASA)与美国国家影像制图局(NIMA)联合测量的 SRTM DEM(分辨率 30 m)，提取坡度(slope)等地形数据。

3.2　喀斯特流域生态健康评价体系及与趋势分析方法

VORS 生态系统健康评价框架是在 Costanza 等(1998)提出的生态弹性(V)、生态组织(O)、生态恢复力(R)基础上，增加了生态系统服务(S)维度而形成的综合模型(Peng et al.，2018)。该框架不仅能够全面反映生态系统的内部状态，还能评估其为外界提供服务的能力，从而为生态系统健康提供更精细化的诊断。通过 VORS 框架，可以深入理解生态系统的多维度健康状况，为科学制定生态管理和保护策略提供更有效的理论依据和实践指导。

本书在 VORS 生态系统健康评价框架中，构建了目标层、维度层和指标层三个层次的评价体系。基于遥感与景观理论制定反映生态系统的活力、组织、弹性、服务四个维度的 11 个指标，耦合 TOPSIS 法计算实际指标与最优状态指标之间的距离，从而确定维度层的理想状态贴合度，参考生态系统健康评价基本公式(Abbaszadeh et al.，2022)采用几何平均数降低异常值和取值区间，最终生态系统健康指数如式(3.1)所示。

$$\mathrm{EHI}=\sqrt[4]{V\times O\times R\times S} \tag{3.1}$$

式中，V 代表生态系统活力指数，O 代表生态系统组织指数，R 代表生态系统弹性指数，S 代表生态系统服务指数，EHI 代表生态系统健康指数。

3.2.1　生态系统活力(V)评价

生态活力指生态系统的生产力和动态性能。生产力的核心来源于植物的光合作用，因此，选取植被归一化指数(NDVI)作为反映生态系统生产力的关键指标(毕文君 等，2023)。在生态系统的动态性能方面，光合作用过程受土壤水分和地表温度影响，土壤水分是植物生长过程中不可或缺的水分来源，决定了植被的健康和生长状况。同时，地表温度直接影响了植物体内酶的活性，从而影响其光合作用和生理过程。所以增选归一化多波段干旱指数(NMDI)(Zhang et al.，2009)、地表温度(LST)(Du et al.，2015)作为生态活力指标。以 Landsat-5 或者 Landsat-8 为数据源分别按照式(3.2)、(3.5)，通过波段计算 NDVI、NMDI 指数，采用单窗算法计算 LST。

(1)NDVI 指数计算方法

$$\mathrm{NDVI}=\frac{\rho_{\mathrm{NIR}}-\rho_{\mathrm{Red}}}{\rho_{\mathrm{NIR}}+\rho_{\mathrm{Red}}} \tag{3.2}$$

式中，ρ_{NIR}表示近红外波段的反射率，ρ_{Red}表示红波波段的反射率。

(2)LST

$$B_i(T_i)=\varepsilon_i B_i(T_s)\tau_i+(1-\varepsilon_i)R_i^{\uparrow}\tau_i+R_i^{\downarrow} \tag{3.3}$$

式中：τ_i为 i 通道的大气有效透射率，无量纲；ε_i为 i 通道的地表比辐射率，无量纲；B_i为普朗克函数；$B_i(T_i)$为黑体在T_i的表面热辐射强度，单位：W/m^2；$R_i^{\uparrow}$、$R_i^{\downarrow}$ 分别为大气上、下行的热辐射强度。

$$\mathrm{LST}=b_0+\left(b_1+b_2\frac{1-\varepsilon}{\varepsilon}+b_3\frac{\Delta\varepsilon}{\varepsilon^2}\right)\frac{T_i+T_j}{2}+\left(b_4+b_5\frac{1-\varepsilon}{\varepsilon}+b_6\frac{\Delta\varepsilon}{\varepsilon^2}\right)\frac{T_i+T_j}{2}+b_7(T_i+T_j)^2 \tag{3.4}$$

式中，$\Delta\varepsilon$ 为通道发射率差($\Delta\varepsilon=\varepsilon_i-\varepsilon_j$)，$T_i$、$T_j$分别为 i(~11.0 μm)和 j(~12.0 μm)大气层顶部温度，b_i(i=0,1,…,7)为通过回归方程确定的系数。

(3)NMDI

$$\mathrm{NMDI}=\frac{\rho_{\mathrm{NIR}}-(\rho_{\mathrm{SWIR1}}-\rho_{\mathrm{WSIR2}})}{\rho_{\mathrm{NIR}}+(\rho_{\mathrm{SWIR1}}-\rho_{\mathrm{WSIR2}})} \tag{3.5}$$

式中，ρ_{NIR}表示近红外波段的反射率，ρ_{SWIR1}表示中红外波段的反射率，ρ_{WSIR2}表示远红外波段的反射率。

3.2.2 生态系统组织(*O*)评价

生态系统的组织指的是其内部结构的稳定性，通常通过景观的异质性和连通性来衡量。景观的异质性越高，表明生态系统内部的多样性越强，从而增强其对外界干扰的抵御能力和整体稳定性。因此，选取多样性指数(SHDI)来表征。景观的连通性反映了生态系统中能量和生物流动的顺畅程度。高连通性有助于能量和物质在景观之间的交换，增强生态系统的功能性。而景观破碎化程度越高，能量和生物流动受阻，系统稳定性降低。因此，选择连通指数(CONTAG)、景观分割度(DIVISION)来表征(Xiao et al.，2013)。通过多样性和连通性的双重评估，力图揭示喀斯特地区景观结构对生态系统组织稳定性的影响。

$$\mathrm{SHDI}=-\sum_{i=1}^{n}p_i(\log_2 p_i) \tag{3.6}$$

$$\mathrm{CONTAG}=\left[1+\sum_{i=1}^{m}\sum_{j=1}^{n}\frac{P_{ij}\ln P_{ij}}{2\ln m}\right] \tag{3.7}$$

$$\mathrm{DIVISION}=1-\sum_{i=1}^{m}\sum_{j=1}^{n}\left(\frac{a_{ij}}{A}\right)^2 \tag{3.8}$$

式(3.6)中，p_i为景观类型i所占据的比例；式(3.7)中，P_{ij}为两个相邻的栅格细胞属于类型i与j的概率，m为斑块总数；式(3.8)中，a_{ij}为斑块ij的面积，A为总面积。

3.2.3 生态系统弹性(*R*)评价

生态系统的弹性是指其在面对外界扰动或变化时的响应并恢复到原有状态的能力。这种恢复能力受多种因素影响(Daw et al.，2016)，特别是生态系统所受的人为干扰程度。受人为干扰越强，生态自身自然恢复能力越差。参考沙宏杰等(2018)的研究成果，将土地利用类型与生态弹性相结合，设置了不同土地利用类型的生态弹性系数(表3.1)，以此来衡量区域生态系统的弹性能力。喀斯特地区由于其独特的地质条件，尤其是广泛分布的裸露岩石和脆弱的植被，使其生态弹性表现出明显的局限性。由于前期土地利用不合理开发，导致了石漠化加剧，区域内生态系统的自我修复能力受到严重制约(Nassery et al.，2021)。因此，在评估喀斯特地区的生态弹性时，考虑到其特殊的地质和环境条件，参考《生态保护红线划定指南》选取岩石裸露率(Fr)(张晓伦 等，2014)、植被覆盖(FVC)、坡度(slope)等指标表征喀斯特岩溶地区的生态修复能力。裸露岩石比例越高，生态系统的修复能力越弱，因此，该指标是评估喀斯特地区生态弹性的核心参数之一。植被覆盖度越高，代表生态系统的自然修复潜力越大，有助于提升系统的弹性。坡度较大，地表径流较大，水土流失剧烈，植被难以生长，生态系统的恢复能力因此受到影响。

(1)土地利用弹性

$$R_{\mathrm{LUCC}}=\sum_{i=1}^{n}(P_i\times R_i) \tag{3.9}$$

式中，P_i为景观类型i所占据的比例，R_i为景观类型i的生态弹性系数。

表 3.1　不同土地利用类型的生态弹性系数

景观类型	建设用地	耕地	水域	未利用地	草地	林地
生态弹性系数	0.3	0.4	0.8	0.4	0.7	0.9

(2)Fr

$$\mathrm{NDRI}=(\rho_{\mathrm{SWIR1}}-\rho_{\mathrm{NIR}})/(\rho_{\mathrm{SWIR1}}+\rho_{\mathrm{NIR}}) \tag{3.10}$$

$$Fr=(\mathrm{NDRI}-\mathrm{NDRI_r})/(\mathrm{NDRI_r}-\mathrm{NDRI_0}) \tag{3.11}$$

式中，NDRI 为归一化岩石指数，$\mathrm{NDRI_r}$ 为全裸露岩石时的 NDRI，$\mathrm{NDRI_0}$ 为无裸露岩石时的 NDRI，ρ_{SWIR1}、ρ_{NIR} 分别为遥感数据中的中波红外和近红外波段的反射率。

(3)FVC

$$\mathrm{FVC}=(\mathrm{NDVI}-\mathrm{NDVI_S})/(\mathrm{NDVI_v}-\mathrm{NDVI_S}) \tag{3.12}$$

式中，$\mathrm{NDVI_v}$ 为植被完全覆盖时的 NDVI，$\mathrm{NDVI_S}$ 为裸地时的 NDVI。

(4)坡度

$$\mathrm{Slope}=\frac{h}{l}\times 100\% \tag{3.13}$$

式中，h 为垂直高度，l 为水平距离。

3.2.4　生态系统服务(S)评价

生态系统服务指的是自然生态系统通过其结构和功能为人类社会提供的各种直接或间接的利益与价值。土地利用是人类获取生态服务的载体和直接表现，不同的土地利用类型通过其特有的生态功能和结构，为人类和自然环境提供多种重要的生态系统服务。本研究参考谢高地等(2015)、刘一鸣等(2022)对土地利用类型对生态系统服务系数的设置结论，设置生态服务系数如表 3.2所示，计算流域的生态服务价值。

$$\mathrm{ES}=\sum_{i=1}^{n}(P_i\times S_i) \tag{3.14}$$

式中，ES 为基于土地利用的生态系统服务指标，P_i 为景观类型 i 所占据的比例，S_i 为景观类型 i 的生态系统服务系数。

表 3.2　不同土地利用类型的生态服务系数

景观类型	建设用地	耕地	水域	未利用地	草地	林地
生态系统服务系数	0.015	0.500	0.932	0.035	0.700	1.000

3.2.5　TOPSIS 法

TOPSIS 法(Technique for Order Preference by Similarity to Ideal Solution)是一种广泛应用的多目标决策方法，其核心思想是通过计算各个方案与正理想解和负理想解之间的欧氏距离来评估方案的优劣(Chen et al.，2022)。该方法的基本步骤包括数据归一化处理、计算正理想值和负理想值、计算样本与理想解的距离以及综合评分。具体计算步骤如下。

① 首先将各个时间节点的生态系统健康评价指标栅格化，并将这些指标转化为矩阵形式，以确保不同维度的指标能够统一计算。接着，为了消除不同指标间的量纲差异，进行归一化处理，使得所有指标值归一化到相同的量级。归一化后，将每个指标的最大值设为正理想

值，最小值设为负理想值，各指标归一处理方式参照表 3.3。

$$\begin{bmatrix} x_{11} & \cdots & x_{1n} \\ \vdots & \ddots & \vdots \\ x_{m1} & \cdots & x_{mn} \end{bmatrix}$$

$$\text{极大型指标 } z_{\max}=\frac{x_{ij}-\min x_j}{\max x_j-\min x_j} \tag{3.15}$$

$$\text{极小型指标 } z_{\min}=\frac{\max x_j-x_{ij}}{\max x_j-\min x_j} \tag{3.16}$$

$$\text{区间型指标 } z=\begin{cases} 1-\dfrac{a-x_{ij}}{M}, & x_{ij}<a \\ 1, & a<x_{ij}<b \\ 1-\dfrac{x_{ij}-b}{M}, & b<x_{ij} \end{cases} \tag{3.17}$$

② 根据正理想值和负理想值，分别计算每个样点与正、负理想解之间的欧氏距离。这些距离反映了样点与理想状态的接近程度。正距离越小、负距离越大，表示该样点的状态越接近于理想状态。

$$D_i^+=\sqrt{\sum_{j=1}^{n}(z_{ij}-z_j^+)^2} \qquad D_i^-=\sqrt{\sum_{j=1}^{n}(z_{ij}-z_j^-)^2} \tag{3.18}$$

式中：i 为一个维度层，如生态系统活力(V)；D_i^+、D_i^- 分别为第 i 维度层各指标的栅格实际值与正、负理想值的欧式距离；z_j^+、z_j^- 分别为第 i 维度的第 j 个指标的正理想值和负理想值，z_{ij} 为栅格样点的第 i 维度的第 j 个指标的实际值。

③ 以维度层为单位，基于正、负距离的比值，计算每个维度层的综合贴合度，作为每个维度的健康指数。

$$C_i=\frac{D_i^-}{D_i^+ + D_i^-} \tag{3.19}$$

式中，C_i 为栅格单元实际值与第 i 维度最有指标组合的综合贴合度。

表 3.3 VORS 生态系统健康评价指标体系及指标类型

目标	维度	指标	指标类型
EHI	V	NDVI	极大型
		LST	区间型
		NMDI	极大型
	O	SHDI	极大型
		DIVISION	极小型
		CONTAG	极大型
	R	土地利用弹性	极大型
		FVC	极大型
		Fr	极小型
		Slope	极小值
	S	土地利用生态服务	极大型

3.2.6 趋势分析方法

本书采用 Theil-Sen Median 方法与 Mann-Kendall 检验相结合，以明晰生态系统健康评价体系中各维度层及目标层的空间变化趋势特征。Theil-Sen Median 又称 Sen 斜率，是一种非参数统计方法，用于估计数据集中趋势的位置测量，评估变化趋势。与传统的均值和中位数相比，Theil-Sen Median 更具稳健性，特别是在数据中存在异常值的情况下，其对异常值的敏感性较低，能够提供更准确且可靠的趋势估计（Öztaş et al.，2021）。Mann-Kendall 检验主要用于检验时间序列数据中存在的趋势，明晰趋势变化的方向、强度及突变点（Wang et al.，2014）。通过对时间序列数据进行 Mann-Kendall 检验，能够明确生态健康各维度的趋势变化方向及变化幅度，揭示生态系统中潜在的重大变化节点。

将 Theil-Sen Median 与 Mann-Kendall 检验相结合，可以提供更为全面的趋势分析结果（汪攀 等，2014）。两者结果相交得到九种趋势特征：极显著增加、显著增加、微显著增加、不显著增加、无变化、不显著减少、微显著减少、显著减少、极显著减少。趋势增加表明生态系统健康状况改善，反之则表明健康状况恶化。

（1）Theil-Sen Median 计算公式

$$\beta=\mathrm{Median}\left(\frac{x_j-x_i}{j-i}\right),\ \forall j>i \tag{3.20}$$

式中，Median()为数据中值，x_j 和 x_i 表示第 j 年和第 i 年指标的平均值，β 大于 0 为增长趋势，反之为下降趋势。

（2）Mann-Kendall 检验

$$Z=\begin{cases}\dfrac{s}{\sqrt{\mathrm{Var}(s)}}, & s>0\\ 0, & s=0\\ \dfrac{s}{\sqrt{\mathrm{Var}(s)}}, & s<0\end{cases} \tag{3.21}$$

$$s=\sum_{i=1}^{n-1}\sum_{j=i+1}^{n}\mathrm{sgn}(x_j-x_i) \tag{3.22}$$

$$\mathrm{sgn}(\theta)=\begin{cases}1, & \theta>0\\ 0, & \theta=0\\ -1, & \theta<0\end{cases} \tag{3.23}$$

$$\mathrm{Var}(s)=\frac{n(n-1)(2n+5)}{18} \tag{3.24}$$

式中，n 表示指标变化的时间长度，sgn 为符号函数，当 Z 的绝对值大于 1.65、1.96 和 2.58 时，表示趋势分别通过了信度为 90%、95%和 99%的显著性检验。

3.3 生态系统维度层分析

3.3.1 各维度时空分布特征

按照一级[0,0.2]、二级(0.2,0.4]、三级(0.4,0.6]、四级(0.6,0.8]、五级(0.8,1]对维度

层指数分布图进行重分类，得到生态系统维度层健康等级评价图(图 3.1)。从图 3.2 可知，生态系统活力(*V*)健康等级变化集中在三级与四级之间相互转换，变化区域分布较为分散。1990—2020 年，生态系统组织(*O*)中健康程度较低的一、二级主要分布在贵安大道沿线以及夏云、凯佐城镇等地区，这些区域人为活动影响较大。生态系统弹性(*R*)的四、五级主要集中在

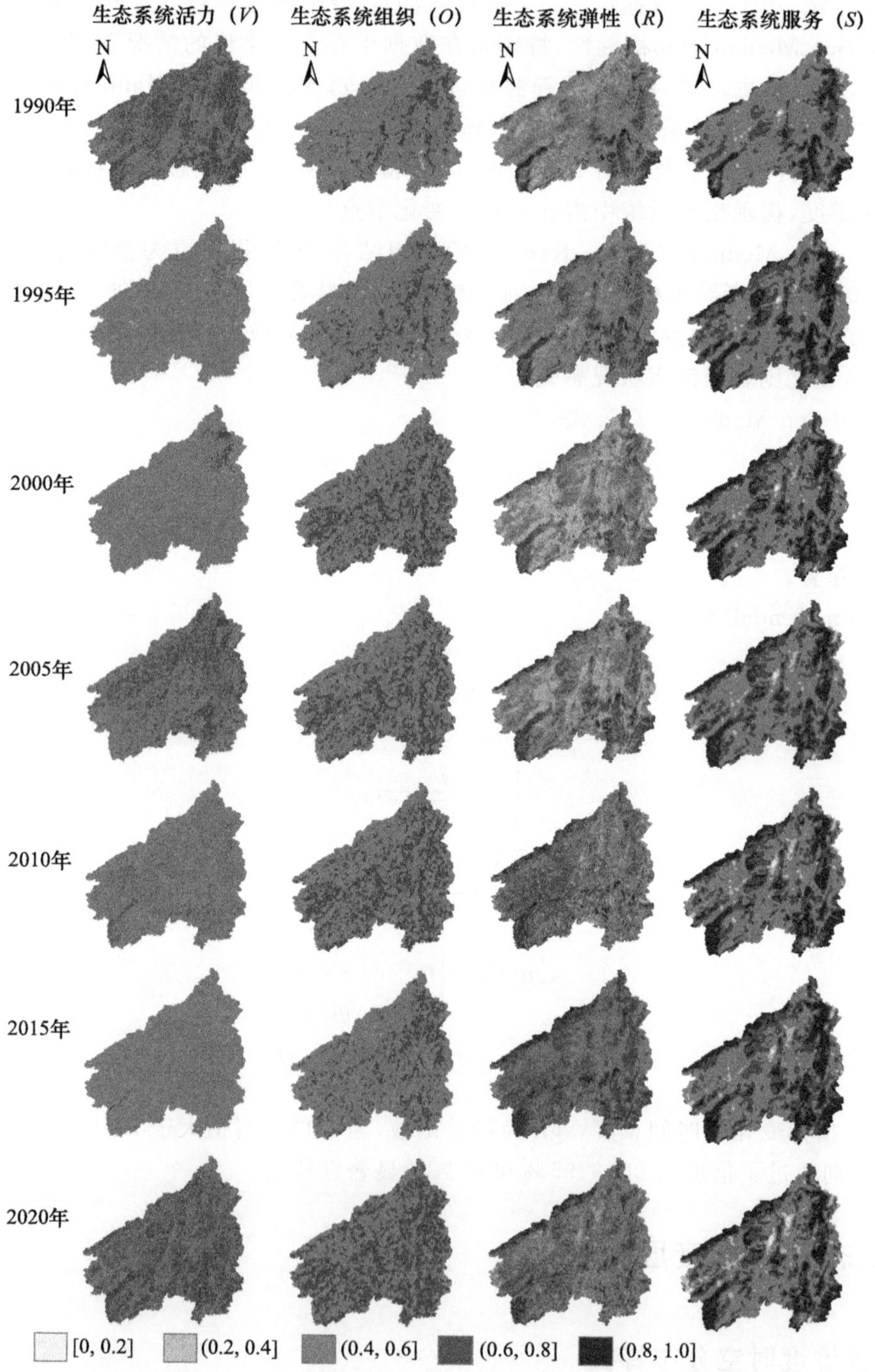

图 3.1 1990—2020 年生态系统维度层健康等级评价图(见书后彩插)

高山林区，这得益于区域对于地形陡峭的生态脆弱区采取的生态措施以及坡耕地的农业结构优化，使得高山的植被覆盖度增加。但较其他维度健康等级空间的逐级变化，生态系统弹性的健康等级在石漠化中部溶蚀丘陵及田地坝区，跨级转换分布广，这是因为城镇化用地增加、农业产业集中利用以及农业种植结构调整，导致生态系统弹性变化较大。生态系统服务(S)的一、二级增量围绕重点城镇及重点交通干线扩展分布，健康程度较好的四、五级则分布在连片高山林地以及红枫湖周围，生态系统服务的空间健康等级异质性增强。这是由于城镇扩展和贵阳—安顺一体化发展，人为干扰生态用地分布。同时，随着不断增长的生态需求以及对生态保护措施研究的深入开展，山地生态风险区和水源周边的生态环境得到了改善。

3.3.2　各维度演变特征

根据图 3.1 对各个维度的健康等级占比进行统计，形成了图 3.2。通过分析图 3.2 可以看出，红枫湖流域生态系统各维度的健康演变特征。首先，生态系统的活力(*V*)主要集中在三级健康等级，面积占比常年超过 91%。然而，在 1990、2005、2020 年，四级健康等级的面积占比相对较高，与三级健康等级的变化呈现相反趋势，这表明这些年份的生态系统活力受到了一定的外部干扰或波动。生态系统的组织(*O*)维度呈现出三、四级健康等级占据主导地位的趋势，二者合计占比超过 99%。一、二、五级健康等级的面积占比极小，表明该区域生态系统的组织结构相对稳定。除 2015 年外的其他年份，四级健康等级的面积逐年增加，反映了生态系统组织的逐步优化和结构改善。生态系统的弹性(*R*)方面，三级健康等级依然是主要占比。在 2005 年以后，四、五级健康等级的面积之和开始超过一、二级健康等级的总面积，这表明生态系统的弹性在逐步增强。尤其是在 2000 年，二级健康等级的面积达到了最大值，此后，二级面积与四、五级面积的变化趋势呈现出相反方向。直到 2015 年，四、五级面积占地达到最大，二级面积占比达最小。生态系统服务(*S*)的健康状况在 1995 年后趋于稳定，四、五级健康等级的面积占比保持在 50%以上，表明生态系统服务的整体质量较高。然而，低健康等级的一、二级面积虽然有所增加，但增量较小，且生态系统服务逐渐出现两极化趋势，高等级与低等级的分化加重。

总体来看，红枫湖流域的生态系统各维度健康状况以三、四级健康等级为主，组织结构不断优化，生态系统活力和弹性在某些年份受到扰动。尽管生态系统服务表现出一定的两极分化，但整体健康水平仍较为良好。

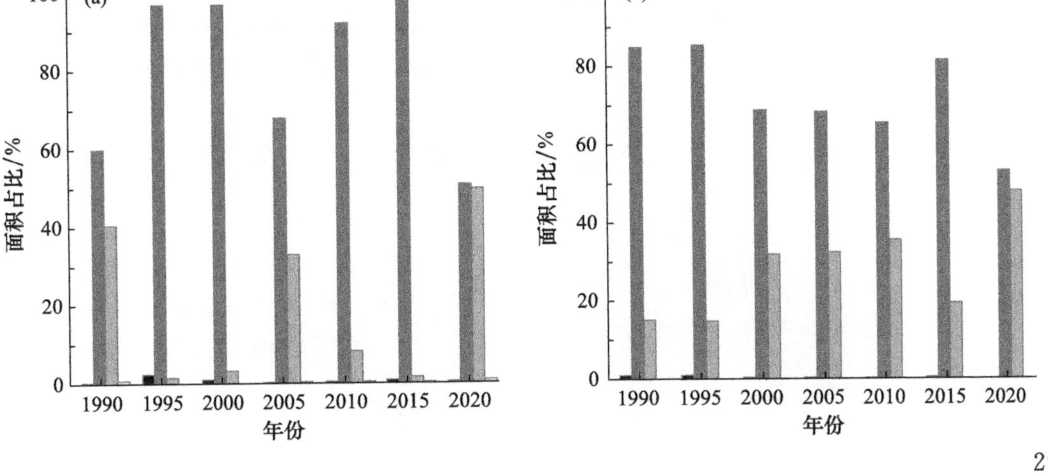

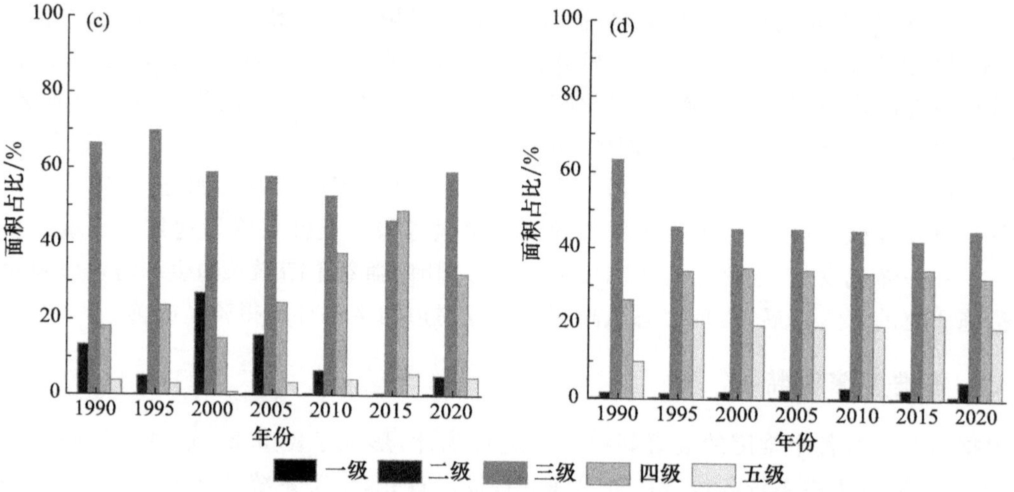

图 3.2　1990—2020 年红枫湖流域生态系统维度层健康等级面积占比

(a)生态系统活力(V)；(b)生态系统组织(O)；(c)生态系统弹性(R)；(d)生态系统服务(S)

通过 Theil-Sen 中位数和 Mann-Kendall 检验分析各维度指数的空间分布趋势，如图 3.3 所示。结合图 3.1 和图 3.3，可以总结出各维度在不同区域的演变趋势。首先，生态系统活力(V)的变化趋势并不显著。虽然中部溶蚀山地和西南山地出现了一些零散的改善区域，但红枫湖周边、快速扩张的城镇以及道路周边的田地等区域表现出不显著或微显著的减少趋势。这表明城市扩张和人类活动密集区域的生态系统活力受到了抑制，而相对偏远或人类干扰较少的区域则有所改善。其次，生态系统组织(O)呈现出轻微的改善趋势，整体改善面积占比达到了 74.01%。显著的增加趋势主要出现在生态脆弱的高山地区，这可能得益于植被恢复和生态保护措施的实施。相对而言，下降趋势主要集中在流域支流附近以及地势较为平坦的坝区。生态系统弹性(R)也表现出上升的趋势，改善的面积明显大于下降的面积。下降趋势主要集中在贵州九龙山国家森林公园、凯佐乡至广顺之间的工业园区、夏云城区以及广顺农场周边的农业区。九龙山国家森林公园的弹性下降主要是由于该区域的旅游基础设施建设。相比之下，凯佐乡至广顺之间的工业园区的生态弹性下降则与工业化和高效农业的快速发展密切相关。其他区域的生态系统弹性由于自然保护措施和土地利用优化得到了提升。生态系统服务(S)的趋势具有较高的空间集中性，并且呈现出两极分化的特征。改善和恶化面积基本持平，分别占 47.43%和 46.94%。恶化区域主要集中在道路周边和重点城镇，这主要是由于城乡一体化推进、重点城镇快速扩展和新农村建设发展所致。改善区域则集中在北部的林带、西南和东部连片山地，这些区域的生态系统服务改善得益于生态恢复和可持续发展措施的有效实施。

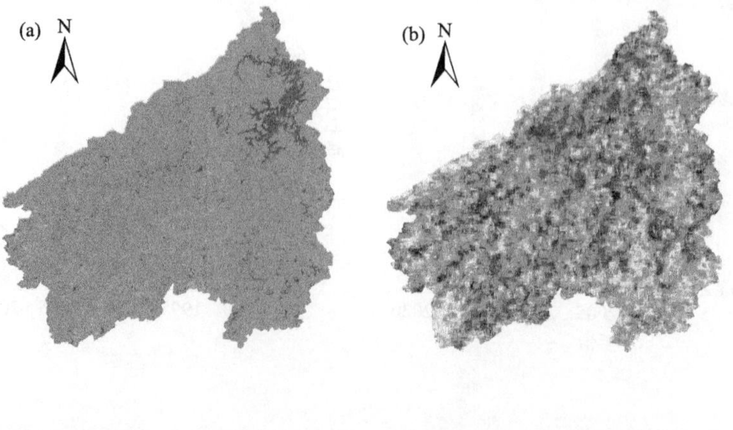

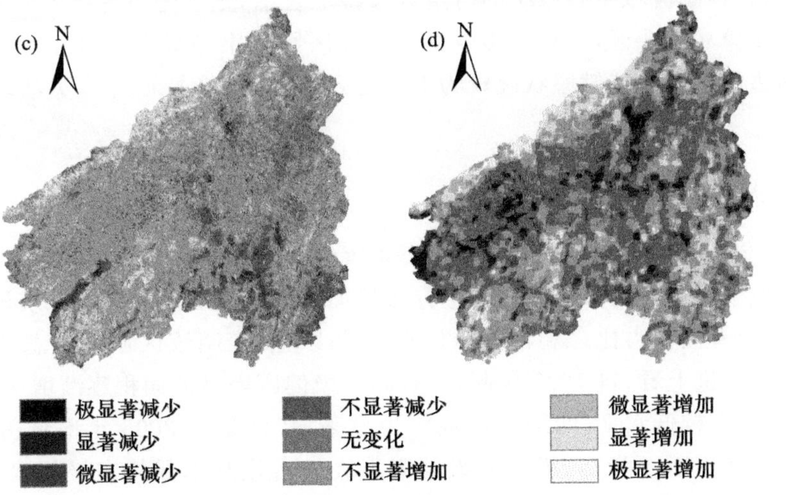

图 3.3　生态系统维度层趋势图

(a)生态系统活力(V);(b)生态系统组织(O);(c)生态系统弹性(R);(d)生态系统服务(S)

3.4　生态系统健康分析

3.4.1　生态系统健康时空分布特征

按照五个健康等级对生态系统健康指数(EHI)分布图进行重分类,得到生态系统健康等级图(图 3.4)。结合图 1.1 和图 3.4 可以看出,空间上生态系统健康等级较低的一级和二级主要集中在经济发展程度较高的城镇,如红枫湖、夏云、高峰、天龙、七眼桥、旧州、广顺等乡镇,并且这些区域的健康等级逐渐向外扩大,反映出城镇化发展和经济活动对周边生态系统的持续影响。相较之下,北部林带、西南、东南林区的生态系统健康等级有所提升,健康等级相对稳定。而中部溶蚀山地和河湖周边是人为活动的频繁地带,该区域的生态系统健康等级变化频繁,健康等级在三级、四级和五级之间反复波动。

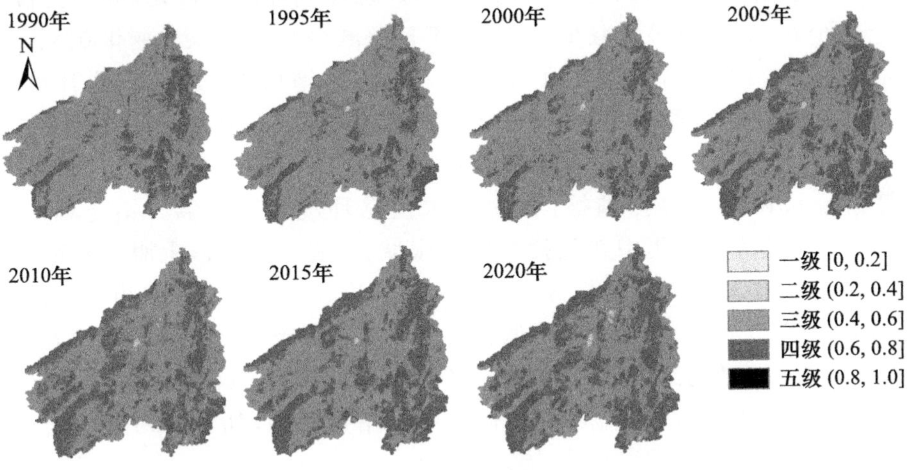

图 3.4　1990—2020 年生态系统健康等级图(见书后彩插)

综上所述，红枫湖流域生态系统的时空分布特征显示，生态健康等级较低的区域集中在人类活动频繁的城镇和工业区，而森林覆盖良好的林区则健康等级较高且相对稳定。中部溶蚀山地和河湖周边的生态系统健康状况较为不稳定，反映了地形特征与人类活动共同作用下的生态复杂性。

3.4.2 生态系统健康演变特征

通过统计 1990—2020 年红枫湖流域生态系统健康等级的面积占比情况（表 3.4），可以清晰地看到该区域生态系统健康状况的时空分布特征。红枫湖流域的生态系统健康状况以三级和四级为主，且二者面积占比之和常年维持在 99%以上，表明该区域的生态系统整体健康状况较为优良。从增量上看，自 1995 年起，二级和四级健康等级的面积逐渐增加，二级增幅较为缓慢，且始终保持在较低水平，四级的增幅较为显著，特别是在 2005 年增量达到 15.82%，而三级的面积占比则逐渐下降，一级和五级健康等级的占比基本保持在极低水平。整体来看，1990—2020 年期间，红枫湖流域的生态系统健康等级属于良好的水平，尽管某些年份存在一定的波动，但健康等级的变化趋势表明，该流域的生态环境在整体上得到了逐步优化。

表 3.4 1990—2020 年红枫湖流域生态系统健康等级面积占比

年份	一级面积占比/%	二级面积占比/%	三级面积占比/%	四级面积占比/%	五级面积占比/%
1990	0	0.0776	77.8105	22.1118	0.0001
1995	0	0.1262	80.5200	19.3538	0
2000	0	0.1460	79.2204	20.6336	0
2005	0	0.1326	63.4073	36.4601	0
2010	0.0032	0.2375	61.6902	38.0691	0
2015	0	0.1026	59.6860	40.2114	0
2020	0.0051	0.5233	56.6392	42.8318	0.0006

通过 Theil-Sen Median 与 Mann-Kendall 检验方法对生态系统健康指数进行分析，得到了流域生态系统健康时空分布的趋势图（图 3.5）。统计九种趋势占比，分别为极显著减少 0.11%、显著减少 0.87%、微显著减少 0.82%、不显著减少 13.89%、无变化 0%、不显著增加 50.62%、微显著增加 12.66%、显著增加 16.64%、极显著增加 4.39%。从占比可以看出，改善区域面积更广，流域生态系统的整体健康水平正在逐步提升。改善区域主要集中在北部林带、南部山地、中部溶蚀山丘，得益于流域长时间实施的水土保持工程（植树造林、退耕还林、石漠化治理等措施），恢复了自然植被，促使流域生态环境逐步好转。结合研究区分布图（图 1.1）可知，恶化趋势主要集中在包括快速扩张城镇（夏云、城关、七眼桥），南部农业扩展区，西南九龙森林公园，凯佐工业开发区以及红枫湖周边。恶化原因主要由于城镇扩张、工业园区建设、扶贫攻坚战略导致的产业临时调整。这表明流域产业及城镇发展正在围绕着已有的较强经济基础核心呈放射式发展，农业集中度提高，山地森林资源优势得以挖掘，生态环境脆弱的高山地区得到有效保护，流域逐步促进产业结构转型，朝着节约可持续利用的方向发展。

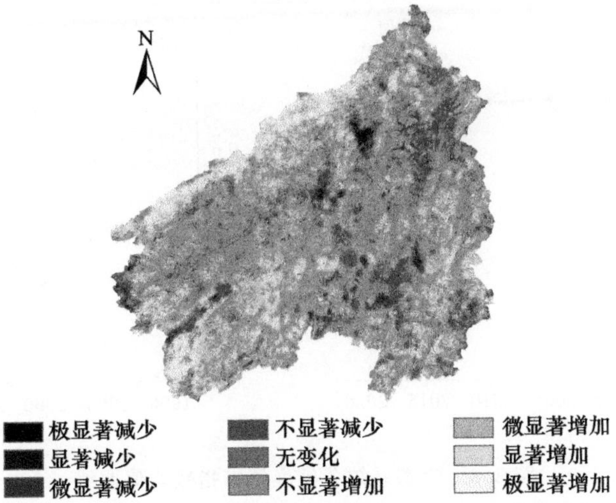

图 3.5　生态系统健康时空分布趋势图

3.5　生态健康影响因子分析

3.5.1　生态系统维度层影响因子差异化分析

通过线性统计分析红枫湖流域各维度指数的年度均值得到图 3.6。如图 3.6 所示，除了生态系统活力指数外，其他维度指数的均值趋势均呈现出向好发展的趋势。然而，各维度曲线的拐点年份和走势存在明显差异，这表明每个维度受到的主要影响因子各不相同。不同维度的生态要素在时间序列上表现出独特的变化特征，反映出不同因素对生态系统健康的复杂影响。

通过对比生态系统各维度健康指数均值曲线（图 3.6）与土地利用类型面积变化曲线（图 3.7）可以发现，生态系统服务指数与林地面积变化的拐点和走势具有高度一致性。由于林地在生态用地中占据较大比重，生态用地的变化曲线也与林地的变化趋势一致，并与生态系统服务指数相符。这表明生态系统服务的提升与生态用地的增加密切相关，而生态用地的增加则得益于产业转型和一系列生态保护与恢复措施的有效实施，表明了林地和生态用地在维持生态系统服务中的关键作用。

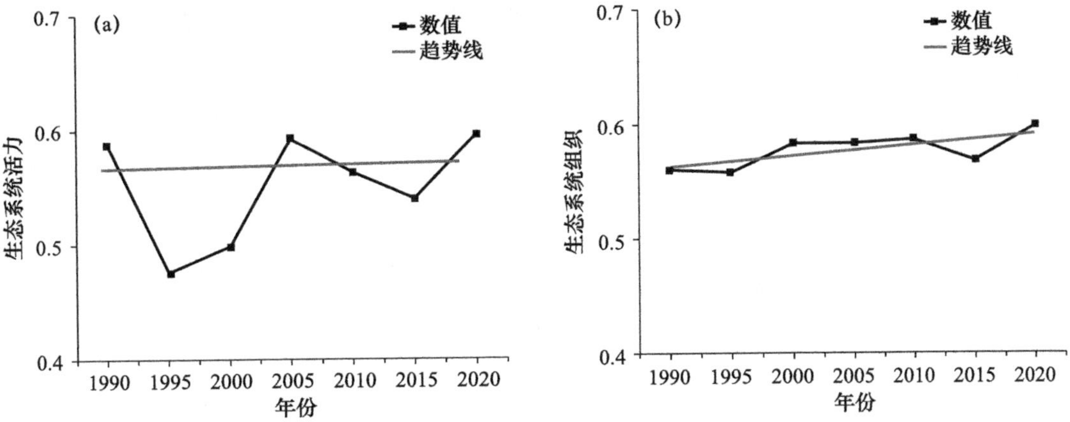

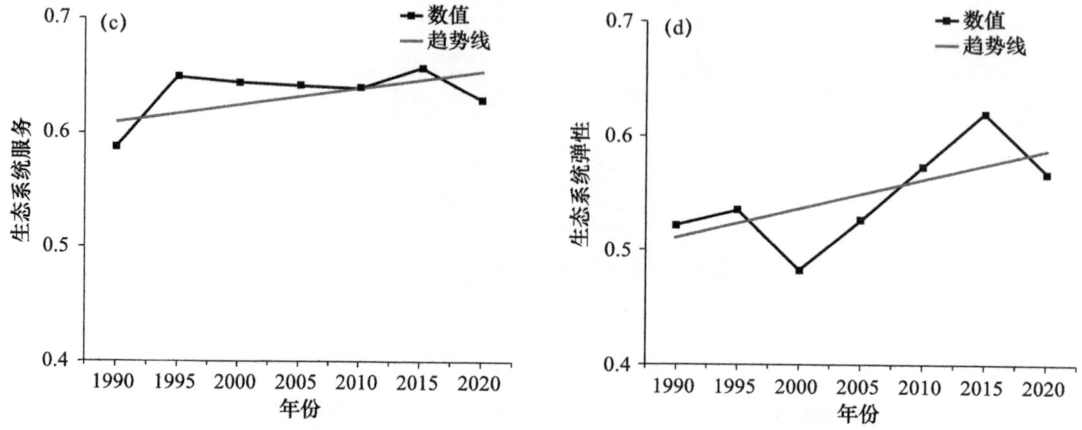

图 3.6 生态系统各维度健康指数均值曲线

(a)生态系统活力；(b)生态系统组织；(c)生态系统服务；(d)生态系统弹性

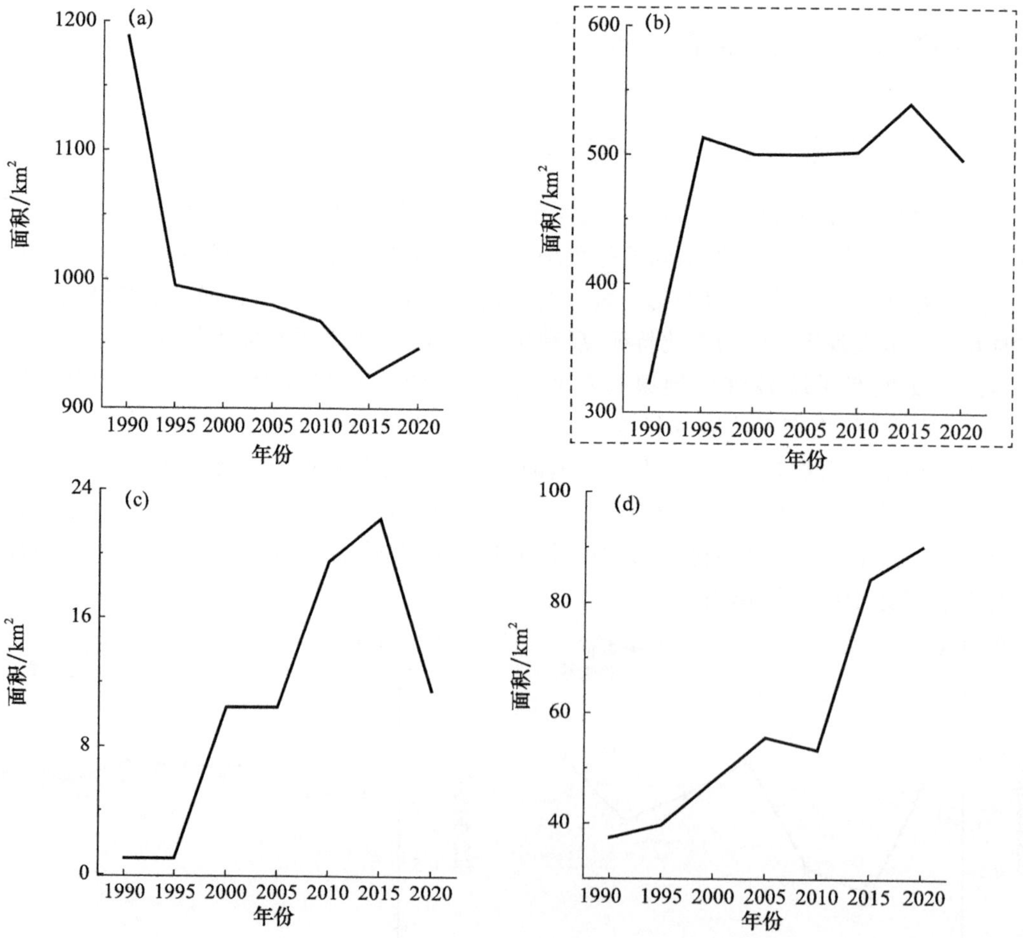

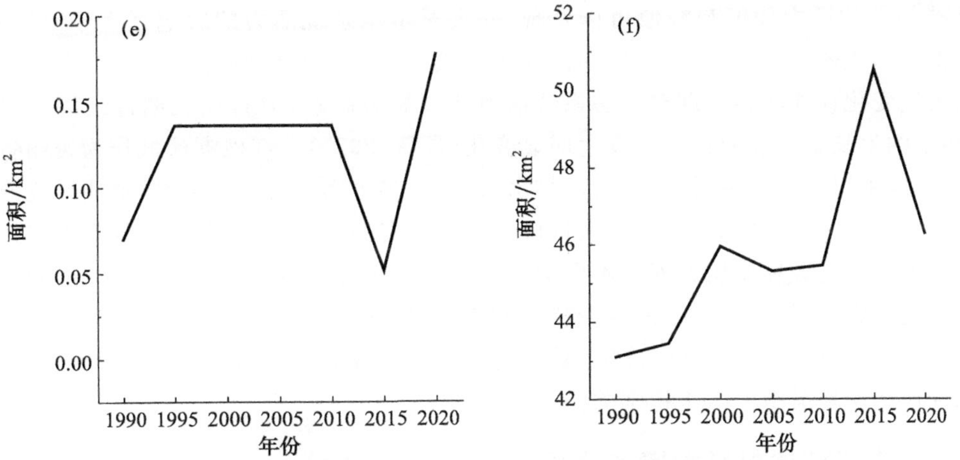

图 3.7　土地利用类型面积变化曲线

（虚线标注的土地利用变化曲线与生态系统服务指数趋势相同）

(a)耕地；(b)林地；(c)草地；(d)建设用地；(e)未利用地；(f)水域

生态系统组织的均值曲线与各土地利用类型的变化趋势并不完全一致，呈现出明显的 W 型特征，谷值年份分别为 1995 年和 2015 年。这两个时间点正处于区域城镇化基础设施建设的高峰期(1992—1996 年，2014—2017 年)(袁芳，2012；王先玉，2022)。在这些基础设施建设期间，工程的实施打破了原有土地利用地块的异质性和连通性，导致了生态系统组织结构的下降。然而，随着建设工程的完成，部分工程用地和临时道路被恢复为原有的土地利用类型，土地斑块的异质性和连通性逐步得以恢复，从而促使生态系统组织结构在 2000 年和 2020 年反弹。因此，基础设施建设成为影响生态系统组织结构波动的主要因素。

生态系统弹性的均值呈现出 M 型上升趋势，峰值分别出现在 1995 年和 2015 年，与同期林地面积的峰值年份一致。这表明随着生态用地的增加，生态系统的弹性也相应增强。然而，值得关注的是 2000 年的谷值，这与张信宝(2016)对贵州石漠化治理成效的研究结果相吻合，即该时间点为石漠化逆转的关键节点。在石漠化综合治理试点工程实施之前，生态治理措施更多集中在耕地的石漠化遏制，而忽略了随着产业结构调整和城镇化加速，退耕后的区域没有及时进行自然修复，导致石漠化进一步恶化。2000 年，在林地面积未增加的情况下，生态系统弹性降至最低点。这一现象说明，除了生态用地面积的增加，石漠化治理工程中的自然修护措施对于生态系统弹性的恢复同样至关重要。因此，生态系统弹性的提升不仅依赖于土地面积的扩大，更需要通过有效的生态修复手段，尤其是在石漠化治理过程中进行长期而系统的自然修复，才能确保弹性的稳步恢复。

生态系统活力的均值曲线呈现出典型的 W 型波动，峰值分别出现在 1990 年、2005 年和 2020 年，数值相近，而谷值则集中出现在 1995 年和 2015 年。然而，这一曲线走势与固定光能的载体——生态用地(如林地、草地)和生产用地(如耕地)的面积变化曲线(图 3.7)并不完全一致。因此，需要综合考虑动态的水源供给和温度等因素。根据肖媚等(2020)对 1990—2020 年红枫湖流域安顺地区极端低温和极端降雨情况的研究，以及地方年鉴的相关记录，可以发现，1995 年、2000 年、2010 年和 2015 年当地均发生了较为严重的自然灾害。这些年份的生态系统活力指数普遍低于峰值年份，表明生态系统活力对气象灾害具有高度敏感性。1995 年和 2015 年遭遇了严重的冻灾，2010 年经历了百年一遇的大旱，2000 年则发生了洪涝灾害。通过对比这些年份的活力均值与峰值可以发现，冻灾对生态系统活力的影响远大于旱灾和洪涝。这一结论与前人研究的结果相吻合，原因在于植被对气候变化的响应具有一定滞后性。短期的极端天气变化往往不会立即对生态系统活力造成显著影响，只有在长期持续的气候极端条件下，林木的生长状况和面积才会发生明显变化（邵辉，2021）。红枫湖流域作为贵州省的重要粮仓，长期以来以农业为主，拥有完善的排水系统、众多水库和发达的河网，这些设施使该地区具备了较强的调水蓄水能力，能够有效抵御旱灾和洪灾的冲击。然而，冻灾则对生态系统活力产生了更为直接的破坏作用。冻灾不仅抑制了植物的光合作用，阻碍了表层水分的运输，还会导致植物组织冻死，从而使固定能量的植被无法正常进行光合作用，导致区域生态系统活力迅速下降。因此，气象灾害，特别是冻灾，是影响红枫湖流域生态系统活力的重要因素，需在未来的生态管理和恢复措施中给予特别关注。

3.5.2 生态系统健康影响因子分析

通过一种用于空间分析的统计模型——地理探测器，探测不同因子对生态系统健康空间分异性影响，计算结果 q 值越大表示单因子或双因子对生态系统健康的影响力越大。它的核心思想：如果某个自变量对某个因变量有重要影响，那么自变量和因变量的空间分布应该具有相似性（王劲峰 等，2017）。根据图 3.8 的结果显示，1990—2020 年影响生态系统健康的主要因子 q 值由大到小依次为土地利用、降雨和坡度。首先，土地利用作为自然、生物活动的载体，直接影响土地覆盖、植被状况、水文循环和生物多样性等多个方面，对于喀斯特生态系统健康有着显著影响，是生态健康的主导因子。其次，通过双因子的交叉分析结果可知，降雨与坡度因子的叠加作用大于两者单因子对生态系统健康影响之和（即“1＋1＞2”），属于非线性增强。坡度决定了地表径流的流速和水分的渗透速率，从而影响土壤侵蚀、植被覆盖以及土地利用模式。坡度越大，水分越难以滞留在土壤表层，容易导致土壤侵蚀加剧，从而影响植被的恢复能力和土壤的保持能力。降雨直接影响土壤湿度和水资源的可利用性，降雨量多时有助于植被恢复，但过多降雨则会导致水土流失，尤其是在坡度较大的地区，加剧生态退化。这两者的相互作用影响土壤的侵蚀程度、植被类型的分布和生物多样性。在喀斯特地区，它们的叠加效应往往会导致生态系统健康问题更为复杂和突出。

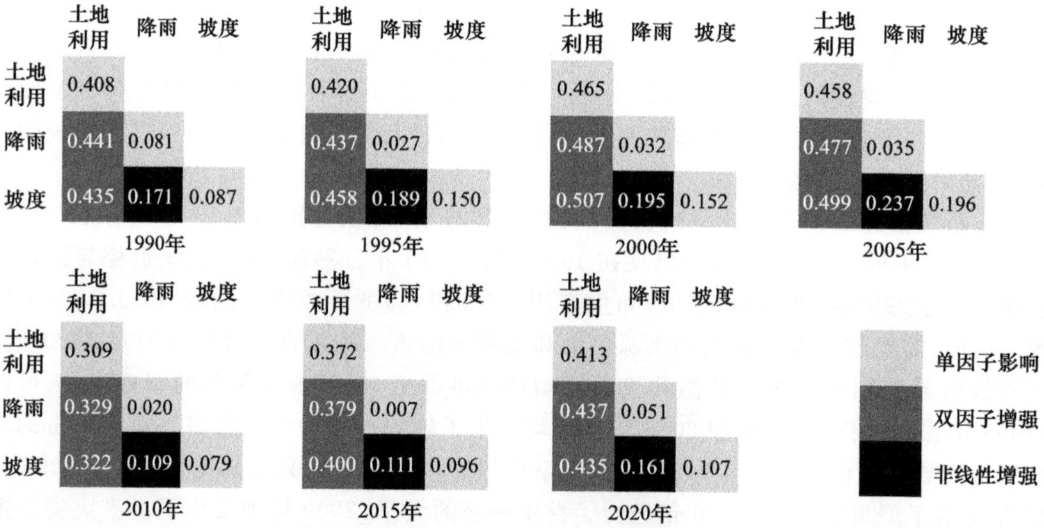

图 3.8　地理探测器的 q 结果

3.6 结论

从维度层变化上看，1990—2020 年红枫湖流域生态系统各维度属于良好健康水平。生态活力中三、四级健康等级波动起伏较大，变化区域分布分散，显著改善和恶化趋势不显著。生态组织受到人为扰动影响，健康程度较低的一、二级主要出现在贵安大道沿线以及夏云、凯佐城镇区域，高山地区生态组织明显增强，下降趋势区域主要集中在流域支流以及较为平坦的坝区。生态弹性中较高的健康等级面积增量持续增加，多集中在中部溶蚀丘陵及田地坝区，整体呈上升趋势，下降趋势集中在贵州九龙山国家森林公园、凯佐乡—广顺连线的工业园区、夏云城区、广顺农场周边农业区。生态服务呈两极分化趋势。其中，一、二级增量围绕重点城镇及重点交通干线分布呈现出扩张态势，四、五级健康程度较好，连片分布在高山林地以及红枫湖周围，趋势明显且集中度高；减少趋势分布在道路周边与重点城镇，上升趋势集中在北部林带，西南以及东部山地。

从生态健康等级的演变和趋势上看，1990—2020 年红枫湖流域生态系统健康以优良为主且质量在逐步提升。空间上重点城镇生态系统健康水平较低，北部林带、西南、东南林区生态系统较为健康。北部、南部连片山地、中部溶蚀山丘的生态环境得到改善，恶化区域以已有的产业基础和资源丰富的较强城镇为核心呈放射式扩张。

从影响因素分析，生态系统服务的提升主要得益于在产业结构调整和生态保护的背景下，生态用地的面积增加，尤其是林地和草地的扩展，增强了生态系统的功能性。基础设施建设对生态系统组织的扰动较为显著，是影响生态结构稳定性的重要因素。生态系统弹性的改善则受到生态用地面积变化以及石漠化治理工程的双重促进，说明治理工程对区域生态恢复起到了积极作用。生态系统活力表现出对气象灾害的高度敏感性，且冻灾对生态系统活力的影响明显大于旱灾和洪灾，这反映出气候变化对植被和生态系统能量固定的直接冲击。此外，土地利用、降雨和坡度是影响生态系统健康的关键因素，其影响程度依次递减；尤其在降雨和坡度的叠加作用下，喀斯特地区的生态环境问题更加复杂，需特别重视这一地貌条件下的生态环境保护。

3.7 讨论

本书基于 VORS 生态系统健康评价框架，增加反映了描述喀斯特石漠化的特征指标，对 1990—2020 年的红枫湖流域生态系统健康状况进行评价，明晰其空间上和数量上的生态系统健康变化趋势，再对比内外因素，揭示影响喀斯特生态系统健康不同维度的主要因素差异。研究结果与张信宝指出的贵州石漠化成效反弹时间节点、邵辉分析的极端气候对生产力影响作用等研究结果一致，明确石漠化工程中的自然修护措施对喀斯特生态健康的重要性、喀斯特生态系统在不同极端气候条件下如何响应以及坡度和降水复合作用下喀斯特山区生态健康问题的复杂性。接下来，本研究将综合流域生态功能区定位，根据前期生态健康诊断结果，结合山水林田湖草之间的协同和权衡分布，制定改善和提升生态功能服务能力的措施。

第4章　基于山水林田湖草的生态系统健康评价

4.1　数据来源与处理

4.1.1　数据来源

本书的研究时间节点设定为2005年、2010年、2015年和2020年，数据来源广泛而多样，涵盖了多个层面的统计资料和遥感影像数据。①统计类数据主要包括中国渔业统计公报、统计年鉴、清镇市与平坝区国民经济和社会发展统计公报、水资源公报、水土保持公报等官方发布的报告，以及对应的年度统计年鉴。这些数据为区域社会经济状况、水资源利用、生态环境保护等方面提供了详尽的基础资料。②地理数据方面，本书使用了美国国家航空航天局(NASA)和美国国防部国家测绘局(NIMA)联合测量的SRTM DEM数据(空间分辨率30 m)，为地形、坡度等地形要素的分析提供了基础。DEM数据的引入对于分析研究区域的地形特征、土地利用变化以及水文条件具有重要意义。③遥感数据方面，本书选取了MODIS的NPP(净初级生产力)产品数据MOD17A3H(分辨率500 m)和Landsat-7 ETM+影像数据(分辨率30 m)。MODIS NPP数据用于反映生态系统的生产力，特别是植物光合作用产生的有机物总量。Landsat-7 ETM+数据则用于土地利用/覆盖解译和遥感指数计算。通过对多时段的遥感数据进行分析，可以直观呈现出研究区内的生态系统变化情况。

4.1.2　遥感指数数据处理

Landsat-7 ETM+影像在使用前需要经过图像融合、影像嵌套、大气校正和图像裁剪等数据预处理步骤，以确保遥感影像数据的光谱特征和空间位置的精确性和可用性。

① 图像融合。由于Landsat影像包含多个波段，可以通过融合不同波段的图像来增强影像的细节和分辨率，尤其是将低分辨率波段与高分辨率波段结合，使其既保留多光谱信息，又提高了空间分辨率。

② 影像嵌套。在不同轨道获取的遥感影像可能存在空间偏移，因此，需要进行影像嵌套处理，将多幅图像无缝拼接在一起，确保整个研究区域的覆盖。

③ 大气校正。遥感影像受到大气层中的气溶胶和水汽的影响，因此，需要对影像进行大气校正，以减少这些干扰对影像精度的影响。大气校正后，影像能更真实地反映地表特征。

④ 图像裁剪。根据研究区域的范围，将处理过的影像裁剪为所需的区域，避免处理冗余数据。

在预处理完成后，利用波段计算公式计算植被覆盖度(VFC)。计算公式如下：

$$\mathrm{NDVI}=\frac{\rho_{\mathrm{NIR}}-\rho_{\mathrm{Red}}}{\rho_{\mathrm{NIR}}+\rho_{\mathrm{Red}}} \tag{4.1}$$

式中，ρ_{NIR}表示近红外波段的反射率，ρ_{Red}表示红波波段的反射率。

$$VFC=\frac{NDVI-NDVI_{min}}{NDVI_{max}-NDVI_{min}} \tag{4.2}$$

式中，NDVI 为单一像元 NDVI 值，$NDVI_{min}$为完全是裸土或无植被覆盖区域的 NDVI 值，$NDVI_{max}$则代表完全被植被所覆盖的像元的 NDVI 值。

4.1.3　MOD17A3H 数据处理

MOD17A3H 数据是基于 MODIS 遥感数据计算的年度净初级生产力(NPP)的产品数据，其初始栅格数据的值区间为[32766,0]，由于包括了不能起到产生净初级生产力的土地利用类型，不能直接用于反映区域的 NPP 值，因此，需要经过异常值排除和系数校正两步处理。

① 异常值排除。数据中的异常值(32761～32767)主要代表建设用地、湿地、水域和未利用地。通过栅格条件运算，将这些异常值设为空(NULL)，从而排除无效的栅格数据。

② 系数校正。非异常值乘以特定的校正系数，用于将原始栅格数据转换为可用于分析的陆地 NPP 值。经过校正处理后，栅格数据可以更准确地反映区域的生产力情况。

4.1.4　景观指数计算

景观指数用于评价空间数据的类型分布特征，能够量化景观的结构和功能。景观指数可分为土地利用类型类和地形类。土地利用类景观指数：在遥感数据预处理后，采用非监督分类，参照《土地利用现状分类》(GB/T 21010—2017)分成六类土地利用类型(建设用地、耕地、林地、水域、草地、未利用地)，再结合野外勘察的实地情况进行修正，利用混淆矩阵验证土地利用分类结果。当 Kappa 系数与总精度达到 80%以上时，根据对应的土地利用类型，计算以下情景指数：湖泊、林地的散布与并列指数(IJI)用于判断地类斑块在空间分布上是否均匀或者分散；林地的周长面积分形维数(PAFRAC)用于量化地类斑块周长形状的复杂度，进而评估人为活动对其的干扰程度。地形类景观指数：基于数字高程模型(DEM)，对研究区域的地形进行分类。DEM 数据被用于分析地形的起伏情况，从而得出山地分布特征。计算山的分布情况选取丛生度(CLUMP)用于识别地类斑块之间集聚程度，以下为各景观指数公式：

$$PAFRAC=\frac{2\times\left(n_i\sum_{j=1}^{n}\ln p_{ij}^2-\sum_{j=1}^{n}\ln p_{ij}\right)}{n_{ij}\sum_{j=1}^{n}(\ln p_{ij}-\ln a_{ij})-\left(\sum_{j=1}^{n}p_{ij}\right)\times\left(\sum_{j=1}^{n}a_{ij}\right)} \tag{4.3}$$

式中，a_{ij}为板块 ij 的面积，p_{ij}为板块周长，n_i为板块数目。

$$IJI=\frac{\sum_{i=1}^{m}\left[\left(e_{ij}/\sum_{j=1}^{n}e_{ij}\right)\times\ln\left(e_{ij}/\sum_{j=1}^{n}e_{ij}\right)\right]}{\ln(m-1)} \tag{4.4}$$

式中，e_{ij}为景观类型 i 和 j 之间的边界长度(即接触面长度)，m 为景观类型的总数。

$$CLUMP=\frac{(g_i-e_i)}{(g_{max}-e_i)} \tag{4.5}$$

式中，g_i是相邻的同类斑块单元数，e_i是随机情况下相邻的同类斑块单元数的期望值，g_{max}是相邻单元的最大可能值。

4.2 基于 SC 的生态系统健康评价体系

山水林田湖草生命共同体的核心理念强调自然要素之间的空间分布关系直接影响了生态系统的健康(Zhao et al.,2024),其最终目标是实现人类与自然的和谐共生与可持续发展(李春华 等,2019)。基于这一理念,本书在构建基于山水林田湖草的生态系统健康评价体系时,遵循了科学性、客观性及数据可得性的原则,将该体系分为两个层次进行评估。首先,评估五个子系统,即山、水、林、田、湖、草的基本状态(State)。基本状态主要通过三个关键要素来描述:质(质量)、量(数量)以及空间分布。质量和数量是衡量各个子系统资源总量和现状的重要标准,这有助于描述山、水、林、田、湖、草各自的健康状况(Horák et al.,2016),而空间格局则决定了这些自然资源的开发利用是否便捷,以及由此产生的生态效应和社会效应(Yang,2021)。例如,山地的空间分布不仅影响着土壤保持和植被覆盖率,还会对区域水循环和气候产生深远影响;水体的空间位置不仅影响着水源涵养功能,还会决定其对农业、工业及生活用水的供给能力。其次,评价体系考虑了生命共同体各子系统与人类活动之间的协调性(Coordination)。人类作为生命共同体的一部分,其活动与山水林田湖草子系统之间产生着相互作用,对整体健康状态有着直接影响。协调性指标不仅要考察各自然子系统自身的健康,还要考量这些子系统能否支撑区域的人类生活(生存)、生产以及生态建设的需求(萨娜 等,2023)。在此背景下,评价体系尤其关注人类活动对自然资源的开发利用、污染排放和资源消耗情况,评估其是否导致了生态系统的退化或失衡。

基于上述两个层次,本书提出了基于山水林田湖草的生态系统健康评价模型:$H=S\times C$,其中,H 代表生命共同体的生态系统健康指数,S 代表五个子系统的基本状态,C 代表人类活动与自然子系统的协调性(图 4.1)。具体来说,S 的计算基于各子系统的质、量及空间分布情况,而 C 的计算则需通过评估人类活动对生态系统的影响及其可持续性。通过这一模型,可以基于山水林田湖草生命共同体视角量化评价生态系统健康状况,进一步为生态保护与可持续发展提供决策依据。

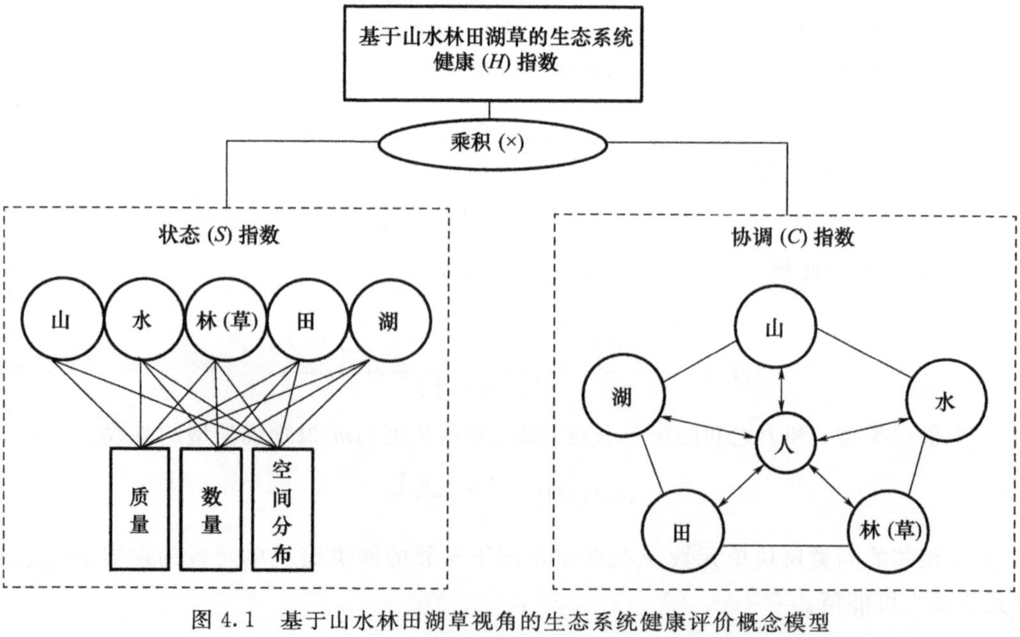

图 4.1 基于山水林田湖草视角的生态系统健康评价概念模型

通过构建和应用该评价模型，能够有效捕捉山水林田湖草生命共同体的动态变化特征，分析各子系统的健康演变过程以及人类活动对其带来的影响。这不仅有助于深化对于生态系统复杂性和相互依存关系的认识，还能为区域生态环境保护提供科学依据，推动生态文明建设的可持续发展。

4.2.1 状态性指标

(1)山子系统状态指标

沟壑密度：反映地表被沟壑切割的程度，描述了地表破碎化的情况。地表沟壑越多，说明土地越破碎，平均坡度增大，地表物质稳定性降低，水土流失的风险也随之提高，影响生态系统的稳定性(熊康宁 等，2012；闫利会 等，2018)。

起伏度：描述地形形态的重要指标，体现了单位面积内地貌的起伏变化。起伏度越大，地形越复杂，越容易形成对土地利用的直接分割，影响景观的完整性，使得空间异质性增强，直接约束耕地总量和食物供给总量的空间差异(刘迪 等，2022)，对生物栖息地和人类活动的影响越显著。

山地、丘陵面积比例：指山地和丘陵的面积占总区域面积的比例。这一指标用于衡量山地和丘陵的总体量，提供了该区域地形的总体概览，影响土地的开发利用潜力及生态服务功能。

山地丛生度：描述山地的分布是否聚集。山地越集中，意味着在其他区域的城市建设、基础设施发展等人类活动的受限程度越低；而山体越分散，对区域土地利用的分割性就会越强，生态连通性和生物多样性也会受到更大的影响。

山子系统基础状态指标见表 4.1。

表 4.1 山子系统基础状态指标表

因素	序号	指标	描述类型	计算方式
山	M1	起伏度	数量	单位面积内最高与最低面积之差
	M2	山地、丘陵面积比例	数量	山地、丘陵面积之和/总面积
	M3	沟壑密度	质量	单位面积内的沟壑长度
	M4	山地丛生度描述	空间格局	山体分布数据为基础，参照式(4.5)

(2)水子系统状态指标

降雨量：是衡量区域水资源补给的重要指标。喀斯特地区由于其复杂的地质条件，导致工程性缺水问题较为突出，用水主要依赖于降水(李华红 等，2019)。降雨量的多少直接影响区域的水质、水量以及整体水资源的可持续性，是决定水生态系统健康的基础因素。

水面率：指水域面积占区域总面积的比例。适当的水面率不仅有助于缓解排洪压力，提升区域的防洪能力，还能增强水体的纳污与净水能力，提供栖息地，从而丰富物种多样性，进而维护水生态平衡(Schindler，2001)。

地表水质达标率：衡量水质符合国家或区域标准的比例，通常以Ⅲ级水质河流的长度占总河流长度的比率来表征。这一指标综合反映了水资源的利用和治理情况，是生态环境质量与水体健康的重要体现。

水资源利用率：指水资源开发利用的比例，过高的开发利用率会导致生态流量被挤占，降低水环境的自净能力，水土和物种栖息地退化，使水生态系统健康受到威胁(宋明伟 等，2007)。因此，合理利用水资源是维持生态平衡的关键。

水网密度：用于评价区域内水体的分布均匀性。水网密度过低或分布不均会导致局部地区水资源短缺、生物种群密度变化，影响该区域的水资源平衡和生态系统动态(Krause et al.，2007)、生态稳定和物种分布(Altermatt et al.，2018)。

水子系统基础状态指标见表 4.2。

表 4.2 水子系统基础状态指标表

因素	序号	指标	描述类型	计算方式
水	W1	降雨量	数量	参考《水资源公报》
	W2	水面率	数量	水域面积/总面积
	W3	地表水质达标率	质量	Ⅲ级以上水质河长/河流总长度
	W4	水资源利用率	质量	用水量/水资源总量
	W5	水网密度	空间格局	单位面积内河流长度

(3)林、草子系统状态指标

林、草地覆盖面积比：指林地和草地面积占区域总面积的比例。林地不仅是生物多样性的重要富集区，且在涵养水源、调节气候等方面发挥重要作用，徐省超等(2021)研究显示，林地和草地覆盖面积的增加显著提升了生态系统的服务功能。

植被覆盖度：指植被树冠在地面上的垂直投影面积占区域总面积的百分比，用于反映植被的分布密度与覆盖质量。植被覆盖度越高，蒸腾水量减少，就越有利于土壤水分的保持，减少风蚀和水蚀，保持土壤结构和肥力；生态系统抵御环境变化的能力越强，就越有助于水土保持和气候调节。

净初级生产力(NPP)：NPP 是初级生产者(如植物)通过光合作用生成的能量，可用于其自身生长、发育、繁殖，也是生态系统其他生物生存的能量基础。NPP 值越高，越能支撑、丰富生态系统的生物多样性。同时，生态系统在面对环境变化时会更具韧性，促进土壤有机质的积累，改善土壤肥力和水分保持的能力(Bünemann et al.，2018)，使得森林的生态功能更强，生态系统的生产力更加旺盛。

林、草地周长面积分形维数：用于定量描述林地斑块的形状复杂度。分形维数越大，表明林地边界越不规则，通常受到更多人为干扰。通过该指标可以衡量林地和草地的完整性和受干扰程度，进而评估其生态健康状况。

林、草子系统基础状态指标见表 4.3。

表 4.3 林、草子系统基础状态指标表

因素	序号	指标	描述类型	计算方式
林、草	F1	林地和草地覆盖面积比	数量	林地面积/总面积
	F2	植被覆盖度	数量	遥感数据为基础，参照式(4.2)
	F3	植物净初级生产力	质量	MODIS 产品数据 MOD17A3H
	F4	林地和草地周长面积分形维数	空间格局	林地用地分布为基础，参照式(4.3)

(4)田子系统状态指标

耕地面积比：指耕地面积占区域总面积的比例。这一指标是衡量农业可持续发展的重要标准，反映了土地资源的利用效率和农业生产的基础保障能力。

耕地厚度：直接影响耕地的地力与肥力。在喀斯特地区，由于土层薄、黑土较少，有效耕地厚度通常较低，有机物质和养分较少，限制作物根系的生长，导致粮食产量较低，影响区域农业生产的可持续性(苏维词 等，2006)。

粮食单产：指单位面积耕地的粮食产量，是衡量耕地质量与利用效率的综合指标。粮食单产越高，说明耕地资源的生产效率越高，有助于区域农业生产的稳定性和可持续性。

耕地的散布与并列指数：用于描述耕地的分布集中度与破碎程度。耕地分布越分散或破碎，越不利于集中式耕种和现代农业技术的推广，增加了农业生产的成本，并且可能降低农业生产效率，不利于农业规模化经营和机械化发展。

田子系统基础状态指标见表 4.4。

表 4.4　田子系统基础状态指标表

因素	序号	指标	描述类型	计算方式
田	P1	耕地面积比	数量	耕地面积/总面积
	P2	耕地面积厚度	质量	土壤调查数据
	P3	耕地单产	质量	粮食产量/粮食播种面积
	P4	耕地的散布与并列指数	空间格局	以耕地分布为基础，参照式(4.4)

(5)湖子系统状态指标

蓄水工程用水占比：指水库、湖泊等蓄水工程在总供水量中的比例。蓄水工程通过调配水资源的时空分布，保障灌溉和居民用水，同时防范洪涝灾害，增加应对气候变化和人口增长的能力(Mercer，2022)。集中供水的方式有助于提高水资源利用效率，减少输水过程中的损耗和污染，有效提升区域水资源的管理水平。

保护区内生态用地比率：指水库保护区内生态用地的占比。维持一定的生态用地比例，能够增强水库的生态服务功能，如污染物截留、水质净化和水源涵养。这一指标直接关系到水库生态系统的健康和水质的可持续性。

渔业单产：反映湖泊、水库、塘等养殖区的鱼类生产水平。贵州地区的渔业以养殖为主，渔业单产不仅是水产生产力的体现，也从侧面反映了养殖区的生态状况，水质良好的区域通常具备更高的渔业产出。

水库的散布与并列指数：描述水库的分布集中度和均匀性。水库分布越均匀，居民取水的便利性越高，受益区域也更广泛，有助于提升水资源的公平性与利用效率，推动区域的可持续发展。

湖子系统基础状态指标见表 4.5。

表 4.5　湖子系统基础状态指标表

因素	序号	指标	描述类型	计算方式
湖	L1	蓄水工程用水占比	数量	蓄水工程用水量/总用水量
	L2	保护区内生态用地比率	质量	保护区内林地和草地面积之和/保护区面积
	L3	渔业单产	质量	渔业产量/水域面积
	L4	水库的散布与并列指数	空间格局	以水库分布为基础，参照式(4.4)

4.2.2　协调性指标

山水林田湖草之间的协调性离不开人类的参与，人与环境资源条件的相互依存是区域生存与发展的基础。本书选取人与各子系统(山、水、林、田、湖)之间的协调指标作为评价因子。协同性指数指标见表4.6。

表4.6 协同性指数指标表

因素	序号	指标	联系类型	计算方式
协调性	C1	人均耕地面积	田与人	耕地面积/人口数量
	C2	人均粮食量	水、田、山与人	粮食产量/人口数量
	C3	人均水产品量	湖与人	渔业产量/人口数量
	C4	人均水资源量	水与人	水资源总量/人口数量
	C5	旱涝灾害等级	山、水、田与人	参考《水资源公报》
	C6	水土流失	山、水、林、田与人	参考《水土保持公报》

人均耕地面积:这一指标反映了每人对耕地资源的占用量,直接与粮食生产量相关。它能够描述"田"资源是否能够满足人们的生存物质基础,确保区域粮食安全。

人均粮食量:指每人可以消耗的粮食量,反映粮食资源的压力。粮食生产不仅受到耕地资源的影响,还与水资源的利用及山体分布有密切关系。因此,该指标综合反映了耕地、气候及水资源的协调性。

人均水产品量:是衡量居民对湖泊资源拥有和利用程度的重要指标。该指标间接评估了水体资源的开发利用效率,同时反映了湖泊生态系统对当地居民生活的支持能力和可持续性。较高的人均水产品量不仅能表明水体资源的丰富性,也能说明其在满足居民日常需求方面的重要性。有助于进一步了解湖泊资源在经济社会发展和居民福祉中的贡献。

人均水资源量:在一个特定地区或流域内,按人口平均每个人所占有的水资源量。它是一个反映水资源分布和可利用程度的重要指标,受到降雨、人口、水资源等因素影响。

旱涝灾害等级:该指标定性描述了在山形地貌影响下,降雨对居民区和耕作区的影响能力,揭示了气候变化对区域稳定性的潜在威胁。

水土流失:这一指标是人类活动、地形(山)、水(降雨)、植被(林/草)、土壤(田)等多种因素综合作用的结果。水土流失的程度直接影响了土地的生产能力和生态环境健康。

4.2.3 评分及权重

(1)评分

① 评分标准制定。评分标准的等级划分主要分为两类:(a)参考行业标准:直接采用或稍作调整已有的国内外行业标准或相关文献,来制定评分等级。这种方法确保了标准的科学性与适用性,使评价结果具有较强的参考价值。(b)自然断点法分类:对于没有行业标准的指标,通过收集整理全国各省份的相同指标数据,运用自然断点法进行分类。这一方法可以帮助识别出数据分布中的显著差异点,使得评分标准更符合实际情况。此外,结合相关文献资料对分类结果进行修正,以增强标准的科学性和合理性。评分标准的详细内容如表4.7所示。

② 不同数据类型的评分预处理。空间数据评分预处理:对于水土流失、净初级生产力(NPP)、河网密度等空间数据,根据指标等级将上述图形数据进行重分类,计算重分类后数据的均值作为评分。这一方法使得空间特征的变化能够直观反映在评分中,提高了评价的准确性。

表 4.7　生态系统健康评价体系指标等级表

序号	单位	5	4	3	2	1	评分参考
M1	m	[0,20]	(20,50]	(50,100]	(100,300]	(300,+∞)	参考《地貌基本形态的位差分类法》(高玄彧,1995)
M2	%	[15,30]	(30,50]	(50,70]	(70,90]	(90,+∞)	全国各省份山地、丘陵面积,采用 Jenk 方法定级
M3	km/km²	[1,2]	(2,3]	(3,5]	(5,7]	(7,+∞)	《土壤侵蚀分类分级标准》(SL 190—2007)
M4	%			标准化			从生度阈值为[0,1],参考《基于 DEM 的中国山地空间范围定量界定》(张伟 等,2013)
W1	mm	(1600,+∞)	(1200,1600]	(600,1200]	(300,600]	[0,300]	采用 Jenk 方法对全国年均降雨量定级
W2	%	(10,100]	(5,10]	(1,5]	(0.1,1]	[0,0.1]	《城市水系规划规范》(GB 50513—2009)(2016 年版)
W3	%	(90,100]	(80,90]	(70,80]	(60,70]	[0,60]	《水生态文明城市建设评价导则》(SL/Z 738—2016)
W4	%	[0,10]	(10,20]	(20,30]	(30,40]	(40,100]	《建设项目水资源论证导则》(GB/T 35580—2017)、国际公认水资源开发利用率 40%
W5	km/km²	(10,+∞)	(9,10]	(8,9]	(7,8]	[0,7]	根据实地调查居民取水情况定标
F1	%	(40,100]	(30,40]	(20,30]	(10,20]	[0,10]	《国家森林城市评价指标》(LY/T 2004—2012)
F2	%	(70,100]	(50,70]	(30,50]	(10,30]	[0,10]	参考《基于 GIS 和 RS 的延河流域植被覆盖度与地形因子的相关性研究》(汤巧英 等,2017)
F3	g·C/(m²·a)	(700,+∞)	(600,700]	(500,600]	(400,500]	[0,400]	参考《中国陆地生态系统近 30 年 NPP 时空变化研究》(陈福军 等,2011)
F4	%			标准化			周长面积维分数阈值[1,2]
P1	%	(40,+∞)	(30,40]	(20,30]	(10,20]	[0,10]	采用 Jenk 方法对全国各省份耕地面积占比定级
P2	cm	(150,+∞)	(100,150]	(60,100]	(30,60]	[0,30]	《农用地质量分等规程》(GB 28407—2012)
P3	kg/hm²	(7500,+∞)	(6000,7500]	(4500,6000]	(3000,4500]	[0,3000]	《全国耕地类型区、耕地地力等级划分》(NY/T 309—1996)
P4	%			标准化			分布以并列指数阈值(0,100)
L1	%	(70,100]	(60,70]	(50,60]	(40,50]	[0,40]	《Global Urban Growth and the Geography of Water Availability, Quality, and Delivery》(McDonald et al.,2011)

续表

序号	单位	5	4	3	2	1	评分参考
L2	%	(70,100]	(60,70]	(50,60]	(40,50]	[0,40]	《国家森林城市评价指标》(LY/T 2004—2012)
L3	kg/km^2	(1.5,+∞)	(1,1.5]	(0.5,1]	(0.1,0.5]	[0,0.1]	全国各省水产品单位产量，采用 Jenk 方法定级
L4	%			标准化			分布以并列指数阈值(0,100)
C1	亩/人	(7,+∞)	(4,7]	(1.5,4]	(1,1.5]	[0.8,1]	全国各省人均耕地，以及 FAO 生态红线 0.8 hm^2/人，采用 Jenk 方法定级
C2	kg/人	(700,+∞)	(500,700]	(400,500]	(200,400]	[0,200]	参考《国家粮食安全需求中长期规划纲要》(国家发展改革委,2008)、各省人均粮食，采用自然断点法定级
C3	kg/人	(36,+∞)	(18,36]	(5,18]	(1,5]	[0,1]	参考《国家粮食安全中长期规划纲要》(国家发展改革委,2008)、全国各省水产品量，采用 Jenk 方法定级
C4	m^3/a	(3000,+∞)	(2000,3000]	(1000,2000]	(500,1000]	[0,500]	《城市居民生活用水量标准》(GB/T 50331—2002)、《人与自然和谐的水需求——生态水文学新途径》(Falkenmark et al.,2006)
C5	旱涝灾害等级	特大	大灾	中灾	轻灾 3	轻灾 1	参考《自然灾害等级划分及灾害分级管理研究》(冯志泽,1996)
C6	水土流失等级	轻度、潜在	中度	强度	极强	剧烈	参考《贵州省水土流失遥感现状调查及空间变化分析》(周忠发 等,2000)、《2010 年与 2015 年贵州省土壤侵蚀的等级变化》(秦志佳 等,2017)

景观指标评分：由于景观指标缺乏定量标准的研究，因此，采用 min－max 标准化方法进行评分。具体公式如下：

$$S = |x - x_{\min}| / |x_{\max} - x_{\min}| \tag{4.6}$$

式中，S 为标准化得分，x 为待评价的指标值，$x_{\max}$ 为理想值，$x_{\min}$ 为最差值。这种方法有助于将不同范围的景观指标数据统一到同一评价尺度上，使其更具可比性。

社会与气象类属性数据评分：对于水资源利用率、耕地单产量和渔业单产等社会和气象类属性数据，依据指定的指标分级标准直接确定评分。这一方法能够快速、准确地反映这些关键指标的状态，确保评价的实时性和针对性。

(2)权重

权重的确定采用专家打分法，由五位专家分别对各项指标进行评分。随后，对专家的评分意见进行统计、处理和分析，并通过多轮意见征询和反馈，进行必要的调整。最终，在综合考虑专家的建议后，确定各指标的权重值。基于 SC 的生态系统健康评价体系各指标权重如表 4.8 所示。

表 4.8　基于山水林田湖草视角的生态系统健康评价权重表

目标层	准则层	因素层	权重	序号	指标层	权重
山水林田湖草生命共同体健康指数(H)	状态(S)	山(M)	0.2	M1	起伏度	0.30
				M2	山地、丘陵面积比例	0.25
				M3	沟壑密度	0.15
				M4	山地丛生度	0.30
		水(W)	0.2	W1	当年平均降雨量	0.20
				W2	水面率	0.20
				W3	地表水质达标率	0.20
				W4	水资源利用率	0.25
				W5	水网密度	0.15
		林/草(F)	0.2	F1	林地覆盖面积比	0.25
				F2	植被覆盖度	0.30
				F3	植物净初级生产力	0.30
				F4	林地周长面积分形维数	0.15
		田(P)	0.2	P1	耕地面积比	0.25
				P2	耕地面积厚度	0.25
				P3	耕地单产量	0.30
				P4	耕地的散布与并列指数	0.20
		湖(L)	0.2	L1	蓄水工程用水占比	0.25
				L2	保护区内生态用地比率	0.30
				L3	渔业单产	0.20
				L4	水库的散布与并列指数	0.25
	协调性(C)	山水林/草田湖人		C1	人均耕地面积	0.15
				C2	人均粮食量	0.10
				C3	人均水产品量	0.15
				C4	人均水资源量	0.20
				C5	旱涝灾害	0.20
				C6	水土流失	0.20

4.3　基于 SC 的生态系统健康演变分析

4.3.1　山水林田湖草的基本状态

如图 4.3 所示，区域内山水林田湖草生命共同体的基本状态整体向好。2020 年，清镇市的基本状态指数相比于 2005 年增长了 0.04，而平坝区的增长幅度更为显著，达到 0.47。

从红枫湖周边山水林田湖草生命共同体各子系统基础状态指数雷达图可知(图 4.2)，清镇市的田与水的基本状态呈下降趋势。这一趋势主要归因于农产品种植结构的调整，农民优先种植水果、蔬菜等经济作物，导致粮食单产骤减。此外，粮食种植区的耕地质量下降，工业园区的生产建设也对地表水质造成了影响。到 2015 年，达到Ⅲ级水质的水域面积仅占总水域面积的 72.35%。在林与湖的基本状态方面，整体发展良好，维持在中上水平。区域内林地覆盖面积的增加和植被覆盖状态的良好是推动这一发展的重要因素。自“十二五”以来，生态文明建设和环境保护的专项成效显著，政府加大了对供水工程建设的投入，有效解决了部分区域的用水难题，充分发挥了湖的蓄水功能，保障了居民的用水需求。

相比之下，平坝区的水资源量低于清镇市，随着贵安新区的开发建设和工业用水、居民用水的持续增加，平坝区的水基本状态指数有所下降。在“十一五”期间，农业机械化和科技推广的推进使得田地粮食生产率得到了提高，田子系统状态得到提升。同时，区域采取了一系列措施，包括退耕还林、坡改梯、石漠化治理、社会造林和荒山造林等，有效提升了林子系统的基础状态。此外，水利工程的实施和基础设施的改善，使得蓄水工程用水占比从 38.73%提高至 84.67%，为区域用水问题的解决提供了有力保障，湖的作用得到充分发挥。

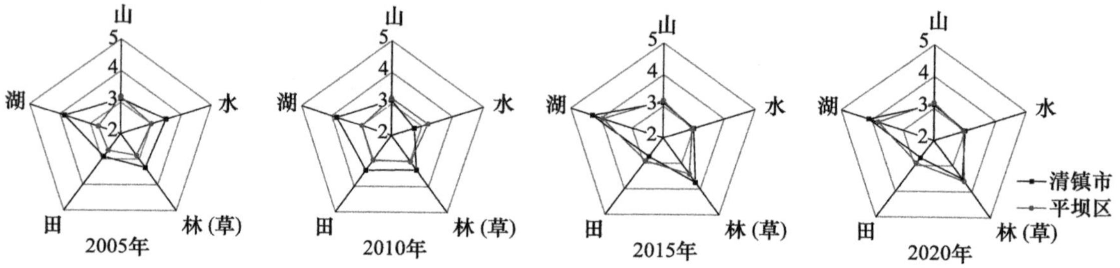

图 4.2 红枫湖周边山水林田湖草生命共同体各子系统基础状态指数雷达图

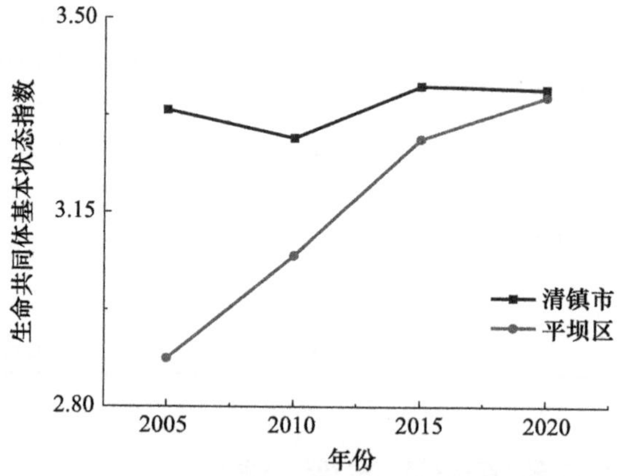

图 4.3 2005—2020 年红枫湖周边山水林田湖草生命共同体基本状态指数曲线

4.3.2 山水林田湖草的协同性

2005 年、2010 年、2015 年和 2020 年，清镇市和平坝区的山水林田湖草生命共同体与人类的协调性指数分别为 3.24、3.10、3.36、3.21 和 3.51、3.12、3.52、3.32，均处于中等水平，2005—2020 年红枫湖周边生命共同体协调性指数曲线(图 4.4)显示出协调性指数呈现倒波动发展趋势，其中 2010 年的协调性指数最低。

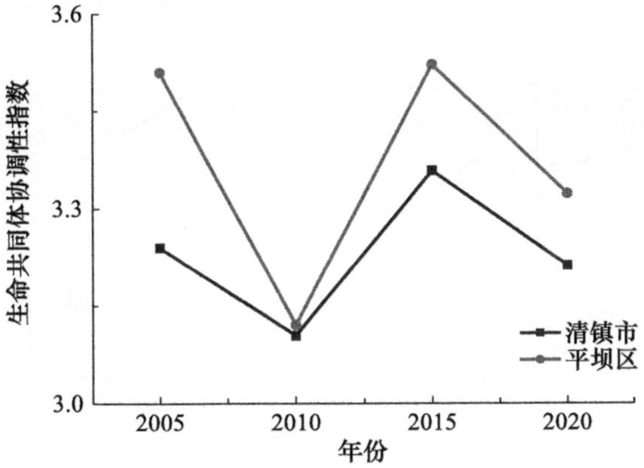

图 4.4　2005—2020 年红枫湖周边山水林田湖草协调性指数曲线

从指标层上看，尽管人均耕地量仍高于生态红线所设定的 0.8 亩标准，但与全国其他省份相比，其水平属于中等偏下。耕地面积的逐年减少及人口的持续增长将对区域人类的生存和发展产生负面影响。人均生产粮食量显著低于《国家粮食安全需求中长期规划纲要》中规定的人均粮食消费量 389 kg 的标准，尤其在 2015 年和 2020 年，清镇市的人均粮食产量甚至未能达到标准的一半，这使得区域的粮食安全需求面临挑战。这一现象与喀斯特地区的特殊地理环境密切相关，因其土层较薄、肥力低且持水性差，导致农业生产受到制约。尽管清镇市和平坝区降雨量丰沛、水资源总量丰富，分别为 9.25×10^8 m^3 和 7.48×10^8 m^3，这一资源优势为渔业发展奠定了良好的基础。统计数据显示，从 2005—2015 年，渔业生产量快速增长，2015 年产量达到了 2005 年的两倍。然而，由于长江流域实施禁捕政策，2020 年的渔业产量有所下降，尽管如此，该地区的淡水鱼生产水平在全国范围内仍属中上水平。区域降雨量的时间分配不均，造成了旱灾、冰雹等自然灾害的频发。每年都有部分地区受到灾害影响，给区域粮食生产和人民生命财产带来了直接或间接的经济损失。这种气候变化的影响，进一步加大了对农业生产的压力。经过几年的水土流失治理，区域水土流失状况逐步好转。轻度和中度水土流失面积逐年减少，逐渐转变为轻度和微度水土流失。然而，极强和剧烈水土流失的情况并未得到明显改善，依然存在加剧的隐患。

4.3.3　基于山水林田湖草的生态系统健康综合分析

如图 4.5 所示，清镇市、平坝区 2005 年、2010 年、2015 年、2020 年的基于山水林田湖草系统的生态健康指数分别如下：2005 年 10.80、10.19，2010 年 10.13、9.59，2015 年 11.56、11.36，2020 年 11.34、10.83，均属于亚健康(参考表 4.9)。两区的健康指数在 2010 年维度最低，这是由于气候条件异常，遭遇了百年不遇的旱灾，导致人畜饮水困难，粮食绝收，给生命共同体的协调性带来了显著的负面影响。

在因素层与指标层之间，山基本状态指数与其他子系统的因素指标(如河网密度、耕地厚度、林地等)存在一定的相关性；而水与其他因素的关联性相对较小；田的健康状态主要受到耕地单产的影响；而湖子系统基础状态与林地面积、蓄水工程比、人均水产品密切相关。

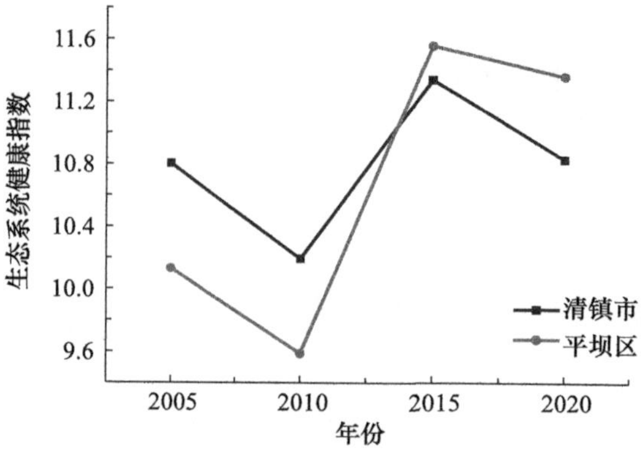

图 4.5　2005—2020 年红枫湖周边生态系统健康指数

表 4.9　基于山水林田湖草的生态健康综合评价标准

指标	崩溃	病态	亚健康	健康
H	1～4	4～9	9～16	16～25

通过相关分析确定系统中目标、准则、因素层之间的关系(表 4.10)。在准则层和因素层之间,基本状态指数与林、湖的基本状态指数之间的相关系数分别为 0.93 和 0.96,表明二者之间存在强正相关关系。主要影响因素包括林地面积比、人均水产品和蓄水工程用水占比。此外,主要影响的用地类型包括耕地、林地和未利用地,其中未利用地的面积与基本状态指数呈负相关关系。与协调指数强度相关的因素包括林地周长面积分形维数、旱涝灾害等级和人均水资源量。这些指标分别反映了人与林、草以及人与山、水、田之间的相互作用结果。总体而言,生态系统健康指数主要受到净初级生产力(NPP)、蓄水工程比和渔业单产的影响。

表 4.10　目标层、准则层、因素层相关性表

		M	W	F、G	P	L	S	C	H
M	Pearson	1	−0.065	−0.660	−0.460	−0.693	−0.731	0.445	−0.253
W	Pearson	−0.065	1	−0.139	−0.369	−0.109	0.054	−0.133	−0.052
F、G	Pearson	−0.653	−0.139	1	0.109	0.963**	0.921**	−0.007	0.768
P	Pearson	−0.340	−0.369	0.109	1	0.228	0.333	−0.707	−0.265
L	Pearson	−0.693	−0.109	0.963	0.228	1	0.968**	−0.027	0.788
S	Pearson	−0.731	0.054	0.921**	0.333	0.968**	1	−0.225	0.666
C	Pearson	0.445	−0.133	−0.007	−0.707	−0.027	−0.225	1	0.577
H	Pearson	−0.253	−0.052	0.768	−0.265	0.788	0.666	0.577	1

注:** 代表相关性在 0.01 层上显著(双尾);* 代表相关性在 0.05 层上显著(双尾)。

4.4　讨论

4.4.1　主要影响因子分析

关注研究区在山水林田湖草影响下的生态系统健康趋势变化,分析生态系统健康各因子评分变换与区域自然条件、土地利用现状和 2005—2020 年相关政策或者实施方案之间的联系，提出红枫湖周边生命共同体的主要影响因子。

(1)极端天气

2010 年遭遇百年一遇旱灾，生态系统健康指数出现最低点，基础状态指数(主要是植被覆盖、生长)和协调性受到负面影响，极端天气对生命共同体健康起到负面效应。研究区岩性与地貌条件不易排水，且区域降雨时间上分配不均，旱涝、冰雹、凝冻等灾害时常发生。部分村落分布在凹槽洼地区域，排水能力差，基础设施不完善，防洪、防旱等水利工程不完备，对极端天气缺少应急能力。

(2)喀斯特地貌

山是山水林田湖草生命共同体的基础，喀斯特地貌现状限制山水林田湖草的基本状态。相关性分析结果显示山与其他子系统的指标层的因子(耕地厚度、林地、水域和水域丛生度)强相关，相关系数分别为－0.95、0.98、0.96、－0.98。区域喀斯特地貌从两个方面影响水林田湖草：第一，山形地貌决定了降雨形成的水面和水域的位置(对水、湖的影响)；第二，在热带湿润型季风气候和人为活动下，水土流失造成土层变薄，岩石裸露，植被生长受到限制(对林的影响)，有效耕地厚度减少，耕地质量下降(对田的影响)。研究区前期林地的过度砍伐导致水土流失严重，近 15 年石漠化和水土保持治理措施使得区域水土流失得到较好的治理，轻度、中度、强度水土流失面积缩小，但极强、剧烈水土流失状况并未得到明显改善，存在加剧隐患。

(3)农业政策

农业生产是人类生存和发展的物质基础，它是人与田是否协调的综合反映。农业政策对农业生产起指导作用。两区农业产业结构调整，不再以粮食生产为主，鼓励农村合作社发展其他经济农作物生产，如烟草、水果、蔬菜、茶叶等。研究区政府为探索合适本区域的现代高效农业的发展模式，引入大批农业龙头企业，建立多个农业示范园区，发展特色农业。2015 年清镇市粮食产量 87850 t，比 2010 年减少了 43334 t，种植面积减少 1499 hm^2；蔬菜种植面积由 4466 hm^2 增至 21016 hm^2，产量增加 331821 t。2015 年与 2005 年相比，平坝区粮食产量减少 842 t，蔬菜、水果产量增长率分别为 382.61%、308.87%。农业产业结构调整同时也带来了问题——随着人口增长粮食缺口越来越大，两区域粮食单产下降，特别是清镇市单产从 2010 年 409 kg/亩降至264 kg/亩，粮食种植区土地质量明显下降，优质耕作区种植粮食面积缩小。在粮食单产不高、耕作面积减少的情况下，人口的逐渐增加会引发区域粮食安全问题，影响了人与田的协调性。

(4)水利工程、生态保护工程

水利工程、生态保护工程改善水、林、田、湖基本状态，起调节优化作用，有利于区域生态系统健康发展。区域水资源量大，但存在用水难的问题，“十二五”期间两区将民生水利工程摆上重要日程，制定、实施“小康水”行动计划。2014 年石朱桥水库完成建设，解决了平坝区中心城区 7 万人和夏云、天龙及十字乡片区 2.63 万人生活用水以及夏云工业园用水及水库下游 5100 亩农田灌溉用水；清镇市拟定从迎燕水库远距离供水解决卫城、王庄、新店区域居民用水问题，可解决该市卫城镇、王庄乡、新店镇共 3 万多人安全饮水和 51120 亩烟地灌溉。充分发挥区域内湖、水库作用，解决人、田用水问题。

清镇市以“三最严格保护”“六项整治工程”为手段，改善城市生态环境，提升红枫湖水资源达标率、林地覆盖率。平坝区确定"生态立区"发展战略，确定"青山、蓝天、碧水、净土"四大生态修护工程，提高区域生态环境。

4.4.2 基于山水林田湖草的生态管控建议

从喀斯特区域特殊性出发，根据主要因子分析结果，对红枫湖周边山水林田湖草生命共同体健康修护提出以下几点建议。

(1)监管湖、水库水质情况，提高水域自净能力

湖、水库能调节区域降雨时间分布不均情况，对应冬春干旱，夏季水涝，保证人类、动植物供需用水，起到蓄水和抗旱的作用。同时其生态作用和自净过程能够增加物种多样性、分解污染物。为保障湖、水库的健康，可根据实地土壤类型、厚度选择适当植被类型，利用水源涵养对湖、水库进行维护。采用小流域治理方式，规划流域内生产力分布格局，控制污染点对污染物进行输出。利用物理、化学、生物技术措施，提高水源自净能力，减少人工污水处理量。

(2)加强防洪防旱蓄水水利工程实施

旱涝是区域主要灾害，防洪防旱蓄水水利工程实施尤为必要，但由于喀斯特区域人口居住点较为分散、生态脆弱、地面崎岖、岩溶广布，实施大型水利工程难度大、受益区域面积集中，建议采取点对点方式根据易受灾的实地地形、地貌、地质情况就地取材，因地制宜实施防洪防旱水利工程。

(3)重点区域监督

2015年国务院批准设立贵安新区，范围涉及清镇、平坝多个乡镇，建议新区建设规划依据现有土地利用特征，以"绝不在重点水源保护区内开发建设、控制和整理耕地和未利用地、减少对生态用地开发"为原则。在发挥"八园一区"功能的同时，协调好各功能区之间的影响，关注、监督上游蔡官特色轻工业产业园、乐平特色装备产业园以及红枫湖、百花湖的准保护区内的新医药产业园、夏云现代装备制造园对红枫湖水环境的影响。

(4)提高粮食生产率

喀斯特地貌的特殊性导致区域生态脆弱，地面崎岖，水土流失严重，土层薄，土壤质量不高。两区粮食总产量不能满足区域的人口粮食需求，扩大耕地面积、肥料的大量投放来提高粮食总产量的方式，会加重水土流失、破坏水环境，此种方式不可取。应确保粮食优质种植区，保证粮食基本产量，再通过农业技术、工程性手段，防止土壤流失，提高单位面积内的粮食生产率。如培育改良杂交粮食品种提高单产，采取改变微地形(梯田、圳田、区田等)或者覆被耕作法的水土保持耕作形式，能够有效防止水土流失。

(5)土地整治

耕地、林地、未利用地是与流域生态系统健康息息相关的三种土地利用类型，针对这三种类型土地整治提出以下建议：①耕地面积不宜扩大，提高耕地集中度，为农业机械化创造条件；②区域林地覆盖比例较高，可以考虑增加植被层级结构，提高 NPP、丰富生物物种；③为保护湖、水库的水生态、水源涵养作用，应提高湖与水库保护区内的林地覆盖度；④对未利用用地表面实施防护措施，特别是建设开发后的裸露闲置的沙地、裸土地；⑤城镇建设方案优先考虑未利用用地和质量较低的耕地，减少对生态用地的占用。

4.5　结论

红枫湖是贵阳市的“水缸”，红枫湖区域生态系统健康关乎贵阳市经济社会持续发展、饮水安全问题以及国家第八个新区（贵安新区）建设发展需求。基于山水林田湖草视角的生态系统健康评价的研究对该区域山水林田湖草生命共同体修复、维护与改善工作有重要指导意义和现实意义。本书结论主要受三方面影响：①遥感影像分辨率对土地利用解译结果的影响；②未有行业标准和文献参考指标划定，是以中国各省现状数据作为数据样本，用统计学方法进行划分，数据样本为省级，样本点较少，今后可以进一步收集同等级行政级别的现状数据作为数据样本，细化等级评分标准；③进一步深入研究山水林田湖草各子系统之间的相互影响机理。

第5章　基于山水林田湖草协同/权衡的生态管控分区研究

生态管控分区在喀斯特地区的实施具有深远的意义，主要体现在以下几个方面。第一，生态管控分区能够有效防止石漠化和生态退化。喀斯特地区以薄土和裸岩为特征，易受到石漠化侵蚀。通过划定高风险区域为严格保护区，限制过度开发与耕作，实施退耕还林等措施，可以有效遏制石漠化的扩展，改善生态环境(Jing et al.，2023)。第二，水资源的保护与管理尤为重要。喀斯特地区水资源分布不均且易受污染，生态管控分区能够合理划定水源涵养区和饮用水源保护区，从而防止水体污染，确保水环境健康。这种分类管理有助于保持生态流量，保障区域水资源的可持续利用(Kuzichkin et al.，2020)。第三，生态管控分区促进了生态保护与区域发展的协调。通过明确不同功能区的划分，如核心保护区和开发利用区，可以实现生态保护与经济发展的平衡。在保护核心生态区的同时，在可持续开发区推动绿色经济发展，促进生态友好的旅游和农业模式。此外，生物多样性保护也是生态管控分区的重点。喀斯特地区是珍稀动植物的栖息地，通过划定生物多样性保护区，可以有效保护濒危物种及其栖息地，维护生态系统的稳定性和物种的多样性(Xiong et al.，2023)。第四，生态管控分区为自然灾害的风险管理提供了支持。由于喀斯特地区地质条件复杂，容易发生滑坡等灾害，分区管理能够识别和划定高风险区域，实施预防性措施，减少灾害对生态系统和居民的影响。第五，生态管控分区有助于优化生态服务功能，提升生态系统的韧性。通过科学规划，增强区域生态系统对气候变化和人为干扰的应对能力，从而维持生态系统的稳定性和自我恢复能力。综上所述，生态管控分区在喀斯特地区的应用，不仅有助于保护脆弱的生态系统，还能促进区域可持续发展，实现生态与经济的协调统一。

5.1　数据来源及处理

本研究数据涵盖坡度、水系、土地利用、植被指数及气象要素等多维度信息，具体处理步骤如下。

(1)坡度及水系等级数据

坡度和水系等级数据是通过美国国家航空航天局(NASA)和美国国防部国家测绘局(NIMA)联合测量的SRTM DEM(分辨率30 m)提取的。利用空间分析与水文分析方法，生成坡度分布图，并基于地形特征划分不同水系等级。

(2)土地利用数据

基于2022年Landsat-8 OLI遥感影像(空间分辨率30 m)，通过监督分类法(SVM，支持向量机)对影像进行土地利用分类。分类的结果涵盖了6大类土地利用类型，包括建设用地、耕地、林地、水域、草地及未利用地。为了提高分类的精度，本研究同时采用了目视解译及野外实地调查对分类结果进行修正。通过验证，分类的Kappa系数精度达到85.3%。

(3)NDVI 数据

植被指数(NDVI)是衡量植被覆盖度和生态系统健康的重要指标。本研究通过波段计算,从 2022 年 Landsat-8 OLI 影像中提取 NDVI 数据。NDVI 计算基于红光与近红外波段的反射率差异,能够反映植被的生长状况及覆盖程度。在数据处理过程中,通过辐射校正及大气校正,保证了 NDVI 的准确性,为评估区域植被状况提供了有力依据。

(4)气象数据

气象数据主要涵盖了研究区及其外延区域 12 个气象站近 10 年的降水量情况,数据来源于国家气象信息中心。为了确保区域降雨量的空间分布能够反映实际情况,本研究采用了高斯过程回归模型(Gaussian Process Regression,GPR)对气象站点的数据进行空间插值处理,生成了降雨量分布图(谭剑波 等,2016)。这一方法通过综合考虑站点间的相关性与不确定性,确保了降水分布的合理性与精确性,为后续分析水资源分布和管理提供了科学依据。

5.2　基于山水林田湖草协同的生态管控分区体系

在生态系统中,山、水、林、田、湖、草各子系统之间通过空间协同和权衡作用,形成了相应的生态服务功能和风险管理机制。这些子系统相互依存,构成了一个复杂而又紧密的生态网络。水作为生命共同体的物质交换"纽带",在连接各个子系统中发挥着关键作用。湖泊则作为水的空间载体,不仅决定了水资源的利用方式,还影响了生物活动的空间分布。森林、草地和农田是水源涵养、调蓄和水质保持的重要保障,而山地则作为生态系统的"骨架",其地形和结构决定了其他子系统(如林、草、水、田、湖等)的空间格局和资源分配(吴钢 等,2019;李子辉 等,2023)。如水源涵养的有效性依赖于多个子系统的协调,包括充沛的水资源蓄积(水和湖子系统)、高植被覆盖度(林子系统)以及较小坡度(山子系统)的综合作用。水土流失敏感区具备坡度较大且植被覆盖度较低的空间特点。农业生产也与坡度、旱地和水田的水资源条件不同,导致可种植农产品作物存在明显差异。因此,本研究立足于山水林田湖草各子系统的空间协同和权衡特征,制定红枫湖流域的生态管控分区方案,以优化资源配置、提升生态服务功能。

本研究从山、水、林、田、湖、草各子系统的空间分布、质量(程度)和数量(面积)出发,明确它们在生态系统中的影响范围(吕思思 等,2019)。为避免水和湖在主体(水域)上的重叠,本研究中的水指代区域降雨量,而湖则特指具有调蓄能力的水系等级(包括河流和湖泊的核密度)。由于本书研究区域位于黔中山原丘陵中部,山则采用坡度的核密度来表示。为统一识别林、草、田子系统之间的联系和区别,研究选择归一化差异植被指数(NDVI)作为权重,评估林地、草地和耕地的核密度。

为揭示山、水、林、田、湖、草各子系统之间的空间协同和权衡关系,本研究采用双变量空间相关性分析,探讨了 15 组子系统之间的全局和空间交互效应。在分析过程中,遵循区域社会、经济与生态环境的可持续性原则,重点关注以下几个方面的协同和权衡关系:山体结构的稳定性、水源涵养能力、林(草)生态服务功能的提供、耕地的保障以及水体安全(供给保障)。将这些关系的正负作用设为制定权重向量的依据。为了提取红枫湖流域生态管控区的协同与权衡特征,本研究采用非监督聚类方法自组织特征映射(SOFM)。该方法能够有效识别各子系统间的空间关系,通过数据驱动的方式划定生态管控区域。这一过程不仅能够揭示各子系统间的协同、权衡效应,还能够识别潜在的风险区域,为后续的生态保护和管理提供科学依据。基于山水林田湖草协同/权衡的生态管控分区框架体系如图 5.1 所示。

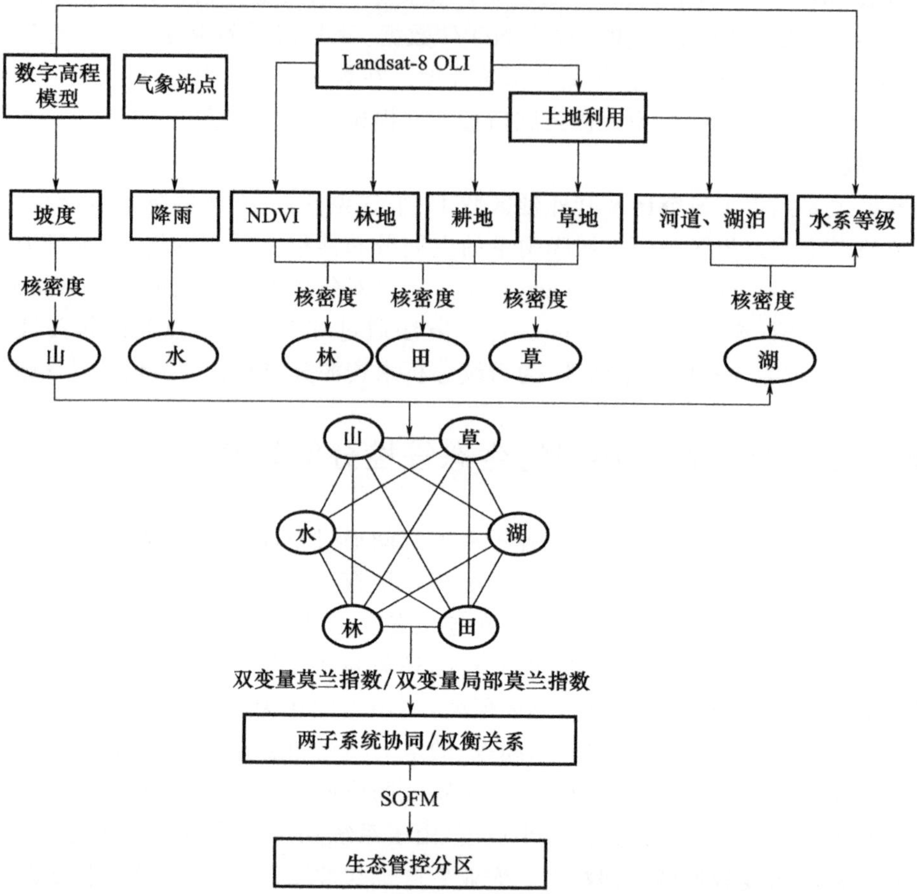

图 5.1 基于山水林田湖草协同/权衡的生态管控分区框架体系

5.2.1 双变量空间关系

本书从流域整体以及空间局部评估山水林田湖草系统中各子系统之间的协同和权衡关系。以下是详细的方法介绍。

(1)双变量莫兰指数

在研究山水林田湖草的整体关系时，采用的是双变量莫兰指数(Bivariate Moran's Index)，该指数是在传统莫兰指数(Moran's Index)的基础上发展而来，旨在全局评价研究区域内两个空间变量之间的依赖关系，帮助研究者了解变量间的空间相关性。具体来说，当双变量莫兰指数大于 0 时，表明这两个变量之间存在协同关系，意味着它们在空间上表现出正相关性，一个变量在某一区域内的值较高，则另一个变量在相同区域内的值也可能较高；反之，当双变量莫兰指数小于 0 时，表明这两个变量之间存在权衡关系，意味着它们在空间上的分布表现出负相关性；当双变量莫兰指数的数值接近于 0 时，表明这两个变量的随机分布性增强，意味着它们之间缺乏显著的空间相关性。在此情况下，变量的变化似乎不受空间位置的影响，可能反映出一种随机分布的特征(Lee,2001)。双变量莫兰指数(I)能够揭示生态系统中不同子系统之间的复杂关系，帮助理解它们在空间上的分布特征及其相互作用。

$$I = \frac{\sum_{i=1}^{n}\sum_{j=1}^{n} w_{ij}(x_i - \overline{x})(y_j - \overline{y})}{\sum_{i=1}^{n}\sum_{j=1}^{n} w_{ij}(x_i - \overline{x})} \tag{5.1}$$

式中，n 为样本点数，x_i表示变量 x 在空间中 i 位置的值，y_j表示变量 y 在空间中 j 位置的值，$\overline{x}$、$\overline{y}$是 x、y 的空间样本平均值，w_{ij} 为空间权重矩阵。空间权重矩阵根据邻接标准或距离标准来度量。邻接标准将空间单元定义为 1，把邻接的定义为 0；距离标准是将一定范围内的定义为 1，把距离之外的定义为 0。

(2)双变量局部莫兰指数

在研究山水林田湖草的空间局部权衡关系时，采用的是双变量局部莫兰指数(Bivariate Local Moran's Index)，该指数是在局部莫兰指数的基础上发展而来，专门用于测量空间数据中两个变量之间的交互影响。与双变量莫兰指数不同，双变量莫兰指数分析的是整个研究区域中两个变量的总体协同或权衡关系，而双变量局部莫兰指数则更加细化，能够明确出两个变量在具体空间位置上的协同或权衡类型。这一方法能够更好地揭示山水林田湖草系统中不同生态要素的空间互动效应。双变量局部莫兰指数通过显著性检验，将区域内的协同和权衡关系分为五种定性类型：高-高(H-H)、低-低(L-L)、低-高(L-H)、高-低(H-L)以及无显著相关。这些分类代表了不同空间单元中两个变量之间的相互作用，形成的结果被称为双变量 LISA (Local Indicators of Spatial Association)图，能够直观地展示出变量之间的协同和权衡关系的空间分布情况(Bone et al.，2013)。通过双变量局部莫兰指数的分析，研究人员可以精准识别出山水林田湖草系统中协同和权衡的热点区域。以下为双变量局部莫兰指数公式，相关参数说明参照式(5.1)。

$$I_i = \frac{n(x_i - \overline{x})\sum_{j=1}^{n} w_{ij}(y_j - \overline{y})}{\sum_{j=1}^{n}(y_j - \overline{y})} \tag{5.2}$$

以保障山体结构稳定、水源涵养、碳汇作用、生物多样性、耕地保障、水体安全等生态功能为原则，基于所得的空间局部协同和权衡关系作为依据，制定协同/权衡关系权重向量表(表 5.1)。无显著相关的区域被作为“0”参考，其结果可以用于评估不同区域生态功能的表现。如果某个区域符合生态保护功能、生产功能或调节功能的协同关系，则该区域的指数为正值；如果不符合这些功能分布，则该区域的指数为负值。这样的权重设定能够帮助我们更好地理解山水林田湖草系统中各个生态要素的功能关系，从而为生态管控分区提供科学依据。

表 5.1　协同/权衡关系权重向量表

关系对象	2	1	0	−1	−2	遵循原则
水-山	L-L	L-H	无	H-L	H-H	山体结构稳定、水土保持
林-山	H-L	H-H	无	L-L	L-H	水土保持、水源涵养、碳汇
山-田	H-L	L-L	无	L-H	H-H	水土流失、耕地保证
湖-山	H-L	H-H	无	L-L	L-H	水源涵养、水土流失、水体安全

续表

关系对象	2	1	0	−1	−2	遵循原则
草-山	H-L	H-H	无	L-L	L-H	山体结构稳定、水土保持
水-林	H-H	L-H	无	L-L	H-L	水源涵养、水土流失、碳汇
水-田	H-H	H-L	无	L-L	L-H	耕地保障、水源保障
水-湖	H-H	L-H	无	H-L	L-L	水体安全(供给保障)
水-草	H-H	L-H	无	L-L	H-L	水土流失
林-田	H-L	H-H	无	L-H	L-L	耕地保障、水土保持
林-湖	H-H	H-L	无	L-H	L-L	水源涵养、生物多样性
林-草	H-H	H-L	无	L-H	L-L	生物多样性、碳汇作用
湖-田	H-H	L-H	无	H-L	L-L	耕地保障、水源保障
草-田	H-L	H-H	无	L-L	L-H	水土流失、耕地保障
草-湖	H-H	L-H	无	H-L	L-L	水土流失、水体安全

5.2.2 SOFM

自组织特征映射网络(Self-Organizing Feature Mapping,SOFM)是由 Kohonen 于 1981 年提出的一种非监督神经网络方法,广泛应用于图像处理、模式识别和数据挖掘等领域(Mittal et al.,2016)。SOFM 通过映射神经网络的方法,能够实现数据的降维与聚类,尤其适用于复杂数据的自动分类分析。SOFM 网络主要由两个层次构成:输入层和竞争层。输入层负责接收和传递数据样本,竞争层则由若干个神经元组成,每个神经元对应一个权重向量,用于表征输入数据的特征。通过不断调整神经元的权重向量,SOFM 能够将数据自动分成不同的类别或簇,实现对数据特征的分组与分类。特别适合应用于具有高度复杂性或未知结构的数据。

由于 SOFM 为非监督聚类方法,合理选择聚类的数量是分类关键。为了应对这一问题,本研究采用了手肘法(Elbow Method)来确定聚类的最佳类别数。手肘法通过计算不同类别数下的簇内距离(即簇内样本点与簇中心的距离之和),绘制出簇内距离与聚类类别数的关系曲线。在该曲线上,第一个明显的拐点通常被称为“肘”点,代表了簇内差异开始明显减小时的类别数,因此,可以认为是聚类的最优类别数。具体而言,本研究对聚类类别数 3～15 的区间进行了探索,通过比较不同类别数的簇内距离,找到了对应的“肘”点,进而确定了最佳的聚类数量。

这种基于 SOFM 和手肘法的聚类分析方法,能够帮助我们更好地理解基于山水林田湖草的复杂生态系统中的协同和权衡关系,在确保同类型生态系统特点差异化最小的情况下,客观、合理指定生态管控分区。

5.2.3 核密度

核密度分析是一种有效的空间分析工具,能够定量计算某一事物在特定区域内的聚集状况。聚集程度越高,对周边环境的影响力往往也越大。因此,通过应用核密度分析,我们能够识别出各个子系统在区域内的聚集效应及其对周边环境的影响程度。计算核密度(density)的公式如下:

$$\text{density}=\frac{1}{(\text{radius})^2}\sum_{i=1}^{n}\left[\frac{3}{\pi}\times \text{pop}_i\left(1-\left(\frac{\text{dist}_i}{\text{radius}}\right)^2\right)^2\right]\qquad (\text{dist}_i<\text{radius})\qquad(5.3)$$

式中，$i=1,\cdots,n$ 是输入点；pop_i 是 i 点的 population 字段值；$dist_i$ 是点 i 和(x,y)位置之间的距离。

5.3　山、水、林、田、湖、草子系统之间的全局协同/权衡关系

通过双变量莫兰指数分析，我们对生命共同体各子系统之间的 15 组关系进行了全面评估，所有关系均通过了显著性检验（$q<0.05$），验证了显著的空间相关性。这一分析不仅帮助我们理解了各子系统之间的相互作用，还揭示了其在生态系统中的复杂性。各子系统之间的关系结果如图 5.2 和图 5.3 所示。在协同关系方面，依据莫兰指数的大小关系依次排列：山-林、水-林、山-草、水-田、水-草、林-草以及山-水，共七组关系。其中，山-林子系统的莫兰指数最高，达到了 0.68，表明二者之间存在着强烈的协同效应。相对而言，山-水子系统的莫兰指数最低，仅为 0.01，这表明这两个子系统之间的协同作用较弱。在权衡关系方面，子系统的排序则有所不同，从小到大依次为：林-田、山-田、山-湖、水-湖、林-湖、湖-草、田-草以及田-湖。其中，林-田子系统的双变量莫兰指数最低，为 −0.76，表明这两者之间存在显著的负相关关系。结果揭示了各子系统之间的复杂相互关系。

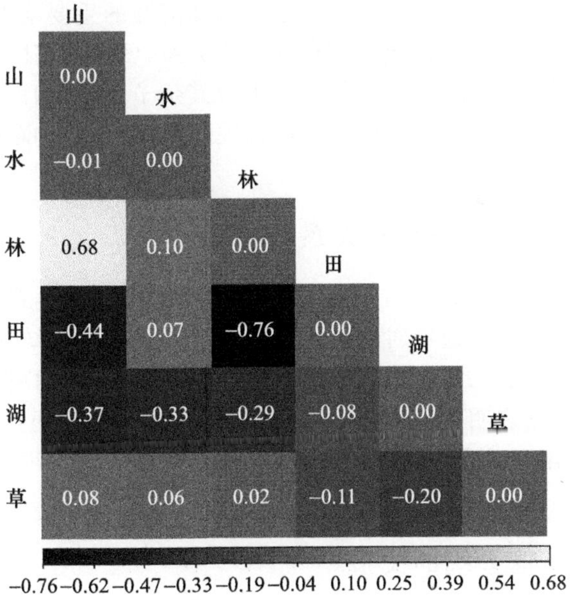

图 5.2　山水林田湖草之间的双变量莫兰指数

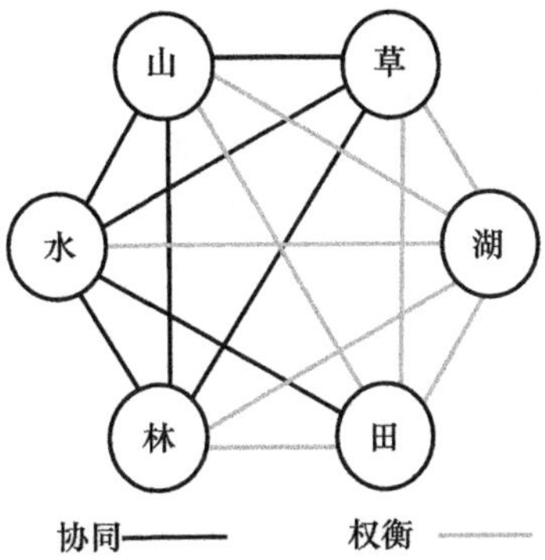

图 5.3　红枫湖流域山水林田湖草之间的协同/权衡关系

5.3.1 山子系统与其他系统的关系

山子系统在生态系统中扮演着至关重要的角色，尤其是在土壤侵蚀、人类活动以及物质和能量的再分配方面。它与林和草子系统形成了显著的协同关系，这种关系对保护山体的稳定性和减少土壤侵蚀至关重要。从图 5.2 中可知，林-山子系统的莫兰指数高于草-山子系统，说明林地在保护山体方面的作用显著优于草地。这一结果强调了森林生态子系统在维护山地生态健康和功能方面的关键作用。然而，山与水子系统之间的协同作用相对较弱，显示出这两个子系统的互动并未能有效增强水资源的利用和保护。同时，山子系统与湖、田子系统之间则呈现出权衡关系。在山-湖子系统中，负相关性表明山体越聚集，其对湖泊的调蓄能力越弱。这可能是因为山体的高度和形态在一定程度上限制了河湖的自然调节，导致湖泊的水资源管理面临挑战。类似地，山-田子系统的负相关性也显示出山体聚集与耕地面积之间的紧密联系。随着山体的聚集，耕地面积往往减少。因此，山体的集聚不仅影响生态系统的结构，还对农业用地的可用性产生了直接影响。

5.3.2 水子系统与其他系统的关系

水是各圈层物质交换和流动的纽带，同时是侵蚀和溶蚀的重要动力，也是湖泊形成的关键来源。通过图 5.3 可知，水与湖子系统之间存在权衡关系，区域内高降水区和调蓄水区在空间上得到了良好的区分。与湖子系统的关系不同，水与其余子系统（如山、林、田、草）之间均显示出协同作用。其中，水与林地和草地之间的正向相关性表明，林地和草地在一定程度上对水的侵蚀作用具有阻碍效果。

5.3.3 林、草子系统与其他系统的关系

在生态保护领域，林地和草地在红枫湖流域中扮演着至关重要的角色，尤其是在水土保持、山体稳定和碳汇功能方面。通过对比各生态子系统的莫兰指数结果发现，林地系统的生态保护作用明显优于草地系统。具体来说，林地与山、水子系统之间的莫兰指数大于草地与这些子系统之间的莫兰指数，这表明山地密集区、降水密集区林地分布更广，对于水土保持作用更强，山体的稳定作用性用地为林地，林地在维持生态平衡和促进环境健康方面具有更强的能力。

5.3.4 田子系统与其他系统的关系

田子系统作为农业生产区，与代表生态用地的林、草子系统之间存在显著的强权衡关系，说明两者土地利用存在互斥性，空间上两种土地利用类型的聚集分布区域分离度高，生态空间与生产空间的区划明显。此外，分析与农产品生产密不可分的水分来源——降雨、河湖表明，田-水子系统为低协同，田-湖子系统为权衡，这表明在水资源的配置上存在一定的矛盾。农田的灌溉需求在很大程度上依赖于降雨，而不是河湖的调蓄水能力，揭示了区域内农田用水的脆弱性，尤其是在干旱季节或降雨量不足的情况下，农作物的生长将受到严重影响。因此，如何提升河湖的调蓄能力以及合理配置水资源，将成为未来管理的重要课题。

5.3.5 湖子系统与其他系统的关系

湖泊在生态系统中扮演着多重重要角色，包括储存降雨，调节区域水循环，确保水资源的

稳定供应，为多种水生和陆生生物提供栖息地，通过蒸发和蒸腾作用，影响局部气候，调节温度和湿度。但湖与生态用地——林、草均为权衡关系，莫兰指数分别为－0.29、－0.29，说明湖周边林地和草地分布较少，存在空间错位，湖的被保护能力较弱。

5.4　山水林田湖草系统空间协同性

5.4.1　山子系统与其他子系统空间协同/权衡关系

如图 5.4 所示，从山体分布的角度分析，红枫湖流域的山体密集区域通常伴随着高林地覆盖，这一现象形成了山-林的高-高(H-H)区域。在这些地区，山体相对稳固，有助于维持生态系统的稳定性和健康。从田-山的空间关系上看，多数地区属于相关的权衡关系(H-L、L-H)，然而在红枫湖流域中部，尤其是白岩冲与大旗山之间的峡谷地带，耕地分布与山体的关系则显示出不同的特征。这一区域为山地陡峭且存在大量田地(田-山的 H-H 区域)，同时降雨量大(水-山的 H-H 区域)以及林地覆盖较低(林-山的 L-H 区域)，致使中部峡谷地带面临较高的水土流失风险。

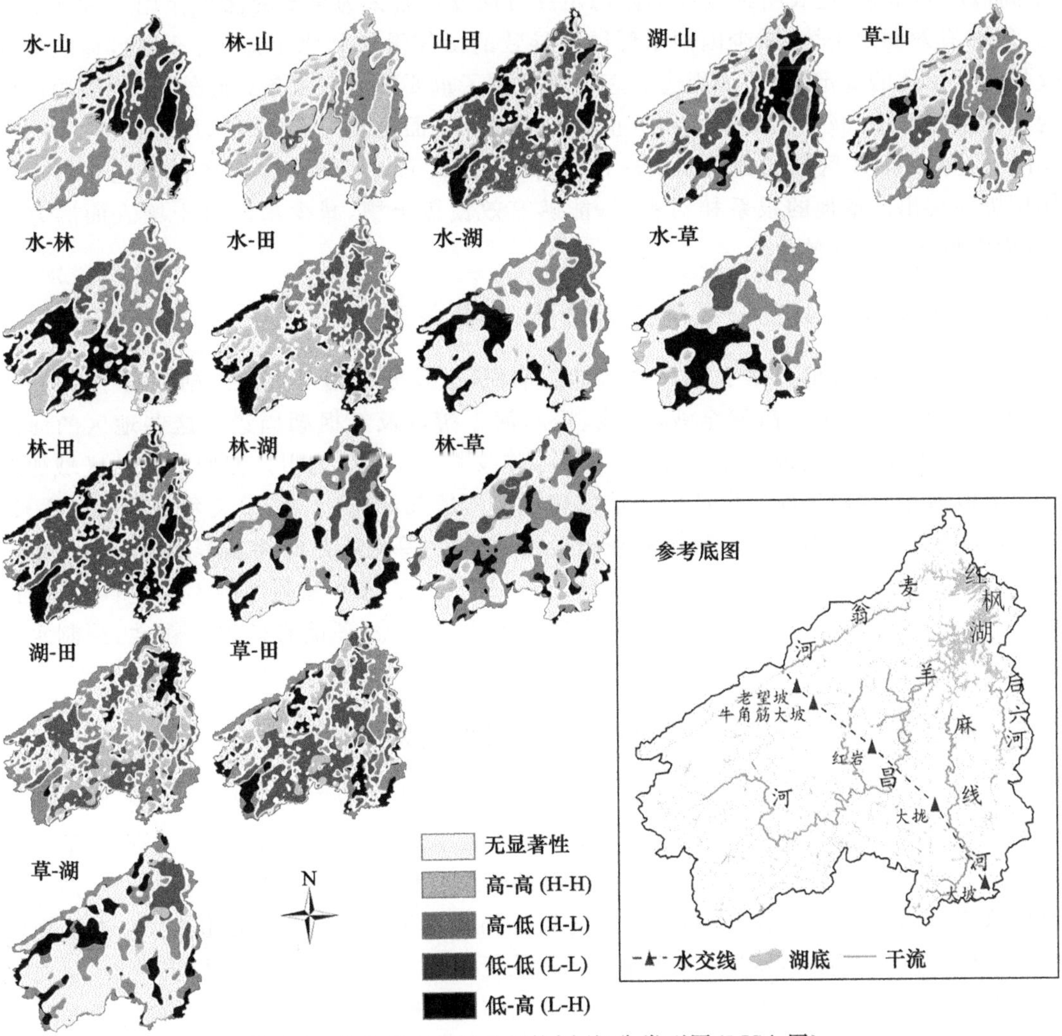

图 5.4　子系统之间的空间协同/权衡类型图(LISA 图)

5.4.2 水子系统与其他子系统空间协同/权衡关系

从降雨分布上看，由于降雨与经纬度和高程相关，整体呈由西南向东北递减。在研究区域内，降雨量与各子系统的关系可以通过一条界线进行划分，界线连接老望坡、牛角筋大坡、白岩冲、大拢和大坡山峰。南北两侧的空间协同与权衡关系呈现出明显的对立特征。以水-山子系统为例，在界线以南，山体越密集，降雨量则越大，形成水-山的高-高（H-H）区域；而在界线以北，山体密度增大却导致降雨量减少，形成水-山的低-低（L-L）区域。本研究将这条界线称为“水交线”。在水交线以南，虽然降雨丰富，但该区域的蓄水能力较差，导致水-湖子系统呈现出高-低（H-L）关系。水-田子系统的高-高（H-H）区域分布更为广泛，说明耕地多依赖于降雨进行耕种。林地和草地与水子系统的高-高（H-H）区域主要集中在高山区域，显著增加了地表径流的滞留时间和土壤的渗透能力，从而有效保持水源，缓解洪峰。

5.4.3 林、草子系统与其他子系统空间协同/权衡关系

在红枫湖流域的生态系统中，林-山子系统的高-高（H-H）区域的分布面积显著大于草-山的高-高（H-H）区域，这表明林地在山体稳定性方面发挥着更为重要的保护作用。林地的根系发达，能够有效固定土壤，减少因雨水侵蚀而导致的山体滑坡和水土流失。因此，林地的存在不仅提升了山体的稳定性，还为周边生态环境提供了重要的生态服务。此外，田地周边的生态用地在吸附污染物、减少土壤流失和防止水土流失等方面也发挥了积极作用。在这一背景下，草-田子系统的 H-H 区域的分布面积超过了林-田的 H-H 的分布，这意味着草地对田地的保护作用更为突出。草地的根系相对密集，能够有效覆盖土壤，减少水流对土壤表面的直接冲击，从而降低土壤侵蚀的风险。

5.4.4 田子系统与其他子系统空间协同/权衡关系

在红枫湖流域，耕地占据了约 57.5%的总面积，且其分布相对集中。湖和田子系统的高-高（H-H）区域主要位于羊昌河全线、麻线、后六河下游以及红枫湖周边。这些地区的河湖调蓄能力较强，能够为周边耕地提供充足的水源，耕地类型以水田为主。流域内其他区域的耕地主要以旱地为主，这些旱地的生产力严重依赖于降雨情况，形成了水-田关系的高-高（H-H）区域。在这些区域，农作物的生长状况与降雨量密切相关，降雨不足时将显著影响粮食产量。此外，这些旱地还依赖于坑塘积水来补充水分，进一步增加了水资源利用的不稳定性。同时，旱地周围的生态用地以草地为主，不仅是为生态系统提供覆盖，还能有效保护耕地，控制水文过程，并吸附污染物。

5.4.5 湖子系统与其他子系统空间协同/权衡关系

在研究红枫湖流域的湖-山的空间关系中，H-L 区域主要分布在羊昌与麻线、后六河支流沿线。这些地区的地势相对平坦，河湖的调蓄水能力显著提升，同时该区域与湖-田子系统的高-高（H-H）区存在高度重合，表明水资源的有效管理与利用在此区域尤为重要。从图 5.4 中的湖与林、草的 LISA 图上看出，湖与两者空间协调关系呈现出较大的随机性，在主要河流分布区缺少林地和草地覆盖，特别是在降雨期间，缺乏植被的区域容易导致径流增加，从而将污染物带入湖泊，影响水质和生态健康，湖子系统面临较高的面源和点源污染风险。

5.5　基于山水林田湖草协同的生态管理分区及建议

通过对簇内距离曲线的分析图可知，红枫湖流域被划分为九类生态管控区（图 5.5a）。这一划分不仅考虑了生态环境的特征，还综合了区域的实际情况与管理需求。由于面积较小的破碎斑块不利于管控，因此，本研究采用了融合方法，以聚合破碎斑块。在命名各生态管控区时，我们依据土地利用占比、经济产业结构以及供水来源等因素，突出每个区域的独特特点和功能（图 5.5b）。根据各区面积的大小依次为：Ⅵ城镇近郊农林交错生态脆弱区＞Ⅲ山地降水保障农田生态保护区＞Ⅷ山地森林水源涵养区＞Ⅰ城镇水源保护生态敏感区＞Ⅶ山地森林生态产业发展保育区＞Ⅱ湖库水源坝区生态农业区＞Ⅳ山地调水保障农田生态保护区＞Ⅸ山地地质灾害风险区＞Ⅴ山地农田生态脆弱区（图 5.6）。

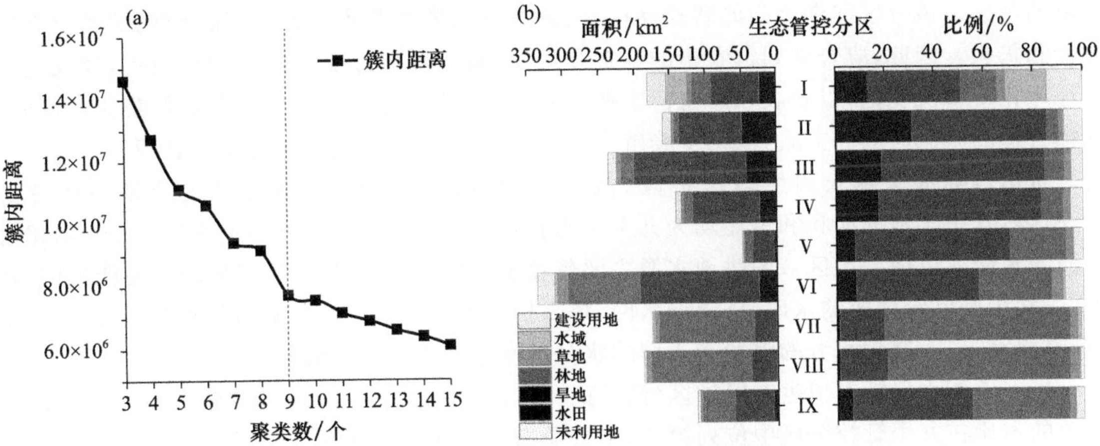

图 5.5　簇内距离曲线(a)及不同分区的土地利用类型被占比(b)

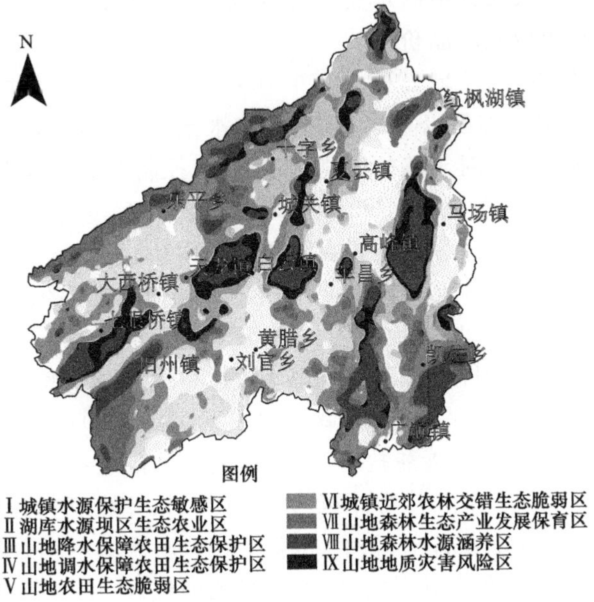

图 5.6　红枫湖流域生态管控分区

Ⅰ城镇水源保护生态敏感区（流域面积占比 11.39%）：该分区内水域和建设用地面积占比是九个生态管控区中最大的，作为风险源的耕地（旱地和水田）面积占该分区的 50.00%以上。涉及的乡镇包括大西桥镇、旧州镇、刘官乡、黄蜡乡、城官镇、夏云镇、羊昌乡、高峰镇、马场镇、广顺镇、红枫湖镇及其周边地区，且具有临近水源、乡镇居民点相对集中的特点。通过对产业占比的分析，发现该区域的乡镇类型为工业、农业、旅游复合型城镇。根据 LISA 图的分布，湖周边缺少林草保护，导致水源面临点源和面源的双重污染，水源污染风险较大。因此，农业型和旅游型乡镇应采取分区处理，避免污水直排入支流，采用分选、分类收集和处理的方式；在耕地区域，应采用防护结构、覆盖植被和拦截沟等措施，以减轻污染。对于工业型城镇，重点应在于监察重点污染企业的排放情况。

Ⅱ湖库水源坝区生态农业区（流域面积占比 10.06%）：该分区内耕地占比高达 85.78%，其中水土条件较好的水田较其他管控区，占比和面积均最大，集中分布在羊昌河、麻线、后六河支流的坝区。该分区河湖之间的联通性良好，具有较强的调蓄水能力，然而，两侧缺乏生态缓冲带和护栏。因此，应合理划定农田的位置和规模，避免农田过度集中在河流附近，建议建立林地绿化带和沉积池，以吸收和滞留污染物，并收集处理来自农田的径流水和污染物。同时，选择合适的施肥时间和方式，以减少养殖废弃物的排放，避免过量使用化肥和农药。

Ⅲ山地降水保障农田生态保护区（流域面积占比 14.96%）：该分区内耕地占比达到 84.87%，其中旱地的面积和占比均为九个生态管控区中最大(66.31%)，主要分布在降雨相对充沛的水交线以南。该区域的耕地水源主要依赖于降雨（靠天吃饭），应对极端降雨能力弱，首先，应利用好已经建成的水库，搭建调水网，提高抗旱抗灾能力；其次，采用节水农业技术，如滴灌、喷灌等方式，减少水分的浪费和土壤的水分蒸发等水资源管理措施。

Ⅳ山地调水保障农田生态保护区（流域面积占比 8.94%）：该分区内耕地占比为 83.46%，旱地的占比在九个管控分区中位列第三，主要分布在降雨相对少的水交线以北。该区域的耕地水源依赖于红枫湖汇流，相较于Ⅲ区域，该分区山地、坡耕地较多，67.00%的面积位于红枫湖划定保护区内，水土流失对红枫湖水安全构成威胁。因此，应改变传统的旱地种植方式，发展山地特色农业，提高单位农产品价值。

Ⅴ山地农田生态脆弱区（流域面积占比 3.16%）：该区域的耕地主要分布于高山周边和两山之间，耕地占比 63.05%，类型以旱地为主，面临水土强侵蚀风险，生态环境脆弱。因此，应建设引水沟渠系统，减少水流对土壤的冲刷和侵蚀，以控制土地的退化。

Ⅵ城镇近郊农林交错生态脆弱区（流域面积占比 21.26%）：在九个生态分区中，该区域面积最大，建设用地面积仅次于Ⅰ区。主要乡镇包括七眼桥、天龙镇、乐平镇、十字乡、凯佐乡和白云镇，这些乡镇位于耕地与林地交界带上，地形较为陡峭，河湖的调蓄水条件较好，产业以农业为主。考虑到多位于山底部且耕地面积占比 57.56%，应采取复绿植被措施（如灌木、乔木和草坪）、建设水槽或沟渠以引流降雨、实施短茎防护和防护网等水土保持措施。

Ⅶ山地森林生态产业发展保育区（流域面积占比 11.13%）：林地是该区域主要的覆盖类型，占比达到 75.44%，岩组以非碳酸盐岩、碳酸盐岩夹非碳酸盐岩为主。该区域土壤适合林木生长，且区域内有三个国家重点林场（国营大坡林场、天龙山森林林场和老落坡林场），林业生产及加工业优于其他分区；有水库 21 个，占整个红枫湖流域水库数量的 43.75%，也是重要的水源涵养区。为防止土壤和森林退化，应考虑当地的气候、土壤和水资源等因素，科学合理地制定种植与经营规划，并及时处理林木的受损和生长异常情况。此外，应强调水土保持工作，采取措施，防止土壤侵蚀和水资源浪费。

Ⅷ山地森林水源涵养区(流域面积占比11.93%)：该区域林地占比高达74.17%，主要位于海拔较高的山体上部，且以原始次生林为主，森林覆盖度高，具有显著的水源涵养价值。区域内耕地、建设用地破碎零星分布，主要是偏远地区农户的耕地破碎化利用。为确保生态功能的维持，保证生态用地斑块的完成性，可逐步退耕或生态移民，不应该进一步对土地利用开发。同时，应采取林地生态监测、林草封育保护和防火等保护措施。

Ⅸ山地地质灾害风险区(流域面积占比7.17%)：该区域的植被覆盖度低于Ⅷ区，分布于山腰处，坡度较大。耕地占比为54.68%，而红枫湖流域内45.31%的地质灾害点分布于该区域。该区域易发生水土流失、石漠化及地质灾害。因此，首先，对于坡耕地建议退耕还林，增加植被覆盖，以稳定水文过程并防止土壤退化，提高水土保持能力。其次，因地制宜实施防灾措施，对于耕地集中区域，建议建设防洪堤和导流沟等防灾工程；对于集中居民点，建议建设防滑坡护坡；在风险较大的区域，可采取生态搬迁措施，并利用遥感手段监测地质灾害，如InSAR、低空无人机监测和高分卫星等。

5.6　讨论

5.6.1　山水林田湖草协同/权衡角度下的生态管控分区的优势

现有的生态管控分区研究通常基于三个方向：单一要素、单一功能的多重叠加以及独立的行政单元(陈杰 等，2010；耿海清，2022)。这些方法往往从单一功能或对象的角度出发，未能充分考虑各功能或对象之间的相互联系。因此，基于单一功能或对象的分区方式难以全面掌握区域内各子系统的复杂性。在生态环境中，山水林田湖草作为最基本的要素，它们之间的协同与权衡关系从根本上影响着生态系统的整体结构、功能及效应。

通过从山水林田湖草这一基本要素的协同和权衡关系出发，探究生态管控分区，能够更深入地理解各个生态要素(子系统)之间的本质联系。这种视角不仅为生态分区理论的发展提供了新的思路，也为科学制定分区管控措施奠定了基础。通过综合考虑不同子系统之间的相互作用，能够有效识别生态环境中的关键节点和脆弱环节，从而实现更为精确的生态管理。

此外，采用协同与权衡的分析方法，可以为生态保护提供更为全面的解决方案。例如，在水资源管理中，通过分析水与林、草的关系，可以发现合理的植被覆盖与水源保护之间的互补作用，进而优化水土保持措施。同时，考虑到不同区域的地形、气候及人类活动的差异，可以制定更具针对性的管理策略，以应对不同区域的生态问题。

综上所述，基于山水林田湖草的协同与权衡关系进行生态管控分区的研究，不仅有助于深化对生态系统复杂性的认识，还能提高生态管理的科学性和有效性。这种方法的实施将促进生态环境的可持续发展，为实现生态文明建设目标提供强有力的支持。通过构建更加系统化和综合性的生态管控框架，我们能够更好地应对当前和未来的生态挑战。

5.6.2　基于山水林田湖草协同/权衡的生态管控分区主要作用

(1)细化区分同种土地利用的管控方式

在生态管理中，通过协同与权衡原理，我们能够清晰地区分不同类型的管理差异，进而制定更为科学的管理策略。具体而言，根据耕地、建设用地和林地的占比变化，我们可以将区域划分为三大类：种植区、城镇区和林地区。其中，林地区的子类型包括Ⅶ、Ⅷ和Ⅸ区，通过分析这些区域的林业分布与地质灾害点的分布差异情况，可以看出基于协同/权衡视角的分类方式并较好地划分出子类的生态服务和风险的差异和特征，这也导致了这三个区域之间管理方式的不同。同样地，还有城镇区的子类型Ⅰ与Ⅵ区和种植区的子类型Ⅱ、Ⅲ、Ⅳ、Ⅴ区，尽管都属于同一大类，但由于它们在临水距离、坡型位置和降水的空间协调分布上存在显著差异，因此，各自的管理重点也有所不同。

(2)综合分析重点水污染管控区

协同与权衡特征的综合分析为水污染重点管控区的划定提供了科学依据。本研究中确定的水污染风险控制区Ⅰ和Ⅱ，并不是传统意义上仅仅基于河岸的缓冲距离来界定的，而是综合考虑了河湖周边的生态保护、坡度、河流网的等级与连通性等特征。这一新方法划定的水污染管理区域，往往大于传统方式所确定的河湖水污染风险区域(蒋啸 等,2021)。这不仅增强了对不同污染源的管理任务的清晰性，还有效提升了污染防控的针对性与有效性。如果按照传统方法划定风险区，河流长度越长污染管控面积越大，红枫湖流域支流长度大小依次为：羊昌河、麻线河、麦翁河、后六河。这与本书中支流流域的水污染风险控制区Ⅰ和Ⅱ的面积大小顺序(羊昌河＞后六河＞麻线河＞麦翁河)排序不一致，但研究结果与曾华献等(2020)、江成鑫等(2021)和廖国华等(2004)对红枫湖不同支流长期水质监测结果相一致，说明通过协同与权衡的研究方法，我们能够更精确地识别水污染的风险点，并为后续的管理和修复工作提供切实可行的指导。

总体而言，基于山水林田湖草协同与权衡的生态管控分区，不仅在理论上深化了我们对生态系统各要素之间关系的理解，更在实践中为区域的生态管理提供了科学依据。通过这种方法，我们可以实现资源的合理配置与利用，保障生态环境的可持续发展，为实现经济与生态的双赢创造条件。最终，这种系统性的管理模式将有助于提升生态服务功能，降低生态风险，从而更好地保护和恢复自然环境，为未来的可持续发展奠定坚实的基础。

5.6.3 方法适用性与不足

本章聚焦于山水林田湖草各子系统空间影响区之间的协同与权衡，利用客观聚类方法对红枫湖流域进行生态管控区划分。为了更全面地理解各子系统的空间影响力，我们并未直接提取对应的土地利用类型分布，而是综合考虑了各要素的分布、质量(程度)及数量(面积)等多个维度。例如，在相同坡度下，集聚的山体或面积较大的山地对土地开发的阻力通常大于面积较小的丘陵。这一特性促使我们采用核密度分析方法，结合山地和各子系统对应的土地利用类型的空间位置、数量(面积)以及影响程度(如坡度、NDVI、水系等级)作为参数，系统性地计算各生态子系统的空间影响力。本章以山水林田湖草各子系统的空间影响区之间的协同和权衡作为权重向量，采用手肘法＋SOFM客观地对红枫湖流域划分生态管控区。

SOFM是一种基于神经网络的无监督聚类方法，其结果受到权重向量和聚类数两个重要因素的影响。在本章中，权重向量通过双变量LISA图的分析来确定，目的是识别山水林田湖草各子系统之间的空间协同与权衡关系。这些关系是相对值，能够较为准确地反映流域内部的差异性。此外，聚类数的选择则借助手肘法进行分析，以确保在簇内样本差异相对较小且稳定的前提下，保持聚类数的最小化，从而使各类别能够独立地具有特征向量。

尽管本章在方法选择上进行了细致的考量，但仍存在一些局限性。首先，除了山子系统外，其他子系统的数据均来源于遥感影像，这就对影像的分辨率和土地利用解译精度提出了较高的要求。影像的分辨率直接影响到空间分析的细致程度，如果分辨率不足，可能导致对一些小范围生态系统特征的忽视，从而影响整个区域的评估结果。

其次，核密度分析虽然能够有效揭示各子系统的空间影响力，但在处理复杂的地形和生态环境时，其结果可能受到空间异质性的影响。特别是在红枫湖流域这样的喀斯特地貌区域，地形的复杂性和多样性可能导致对某些区域的空间影响力计算不够准确，进而影响生态管控区划分的合理性。

最后，SOFM 方法虽然具有较强的自适应性和灵活性，但也存在一定的参数敏感性。在实际操作中，权重向量的选择和聚类数的确定都可能影响最终的聚类结果。因此，为了提高研究的准确性，我们建议在后续研究中，可以采用多种聚类方法进行对比分析，以验证结果的一致性和可靠性。

综上所述，本章通过将山水林田湖草各子系统的空间影响力作为研究基础，结合 SOFM 方法划分生态管控区，虽然取得了一定的成果，但仍需在数据精度、方法选择及参数设定等方面进一步完善，以提升研究结果的科学性和实用性。希望本研究能够为未来的生态管理和区域规划提供有价值的参考，同时也为后续的研究指明方向。

5.7　结论

本研究通过深入探讨山水林田湖草六个子系统之间的相互关系，开展了生态分区管控的研究。我们明确了各子系统之间的空间协同与权衡特征，并综合特征差异，以确保划分的生态管控区具有独立性。这一研究不仅深化了对山水林田湖草作为流域生态治理和精准管控的理解，也为后续研究提供了新的视角和思路。主要结论如下。

从各子系统的协同与权衡空间特征分析来看，生产区域的生态区在空间上存在明显的分异现象；水与其他子系统的关系在南北两侧呈现出相反的协同与权衡分布特征，水交线作为界限将两者有效区分；在林、草的生态作用方面，林地对于山体的稳固作用尤为重要，而田地周边的生态用地则主要以草地为主；中部山体间的峡谷地区存在较大的水土流失风险，这对于整个生态系统的健康和稳定构成了威胁；湖子系统的保护能力较弱，尤其是在羊昌河全线、麻线、后六河下游以及红枫湖周围，这些区域的调蓄能力相对较好，但由于缺乏有效的保护措施，导致水质和生态环境面临较大的潜在风险；除河湖调蓄能力较强的区域外，其他区域的农业种植仍然高度依赖降雨，这使得农业生产的可持续性受到限制。因此，加强对湖泊及其周边生态环境的保护尤为重要。

从生态管理分区上看，红枫湖流域分成 9 类生态管控区，按照面积从大到小排序为：Ⅵ城镇近郊农林交错生态脆弱区＞Ⅲ山地降水保障农田生态保护区＞Ⅷ山地森林水源涵养区＞Ⅰ城镇水源保护生态敏感区＞Ⅶ山地森林生态产业发展保育区＞Ⅱ湖库水源坝区生态农业区＞Ⅳ山地调水保障农田生态保护区＞Ⅸ山地地质灾害风险区＞Ⅴ山地农田生态脆弱区。Ⅵ城镇近郊农林交错生态脆弱区的乡镇居民聚集度低于Ⅰ城镇水源保护生态敏感区，Ⅵ城镇近郊农林交错生态脆弱区需实施水土保持措施，Ⅰ城镇水源保护生态敏感区更关注水污染和水安全问题。Ⅱ湖库水源坝区生态农业区分布在羊昌与麻线、后六河支流急需实施生态缓冲带和护栏管理面源污染。因水源来源不同将山地旱地种植划分为Ⅲ山地降水保障农田生态保护区、Ⅳ山地调水保障农田生态保护区，Ⅲ山地降水保障农田生态保护区需提高极端天气的抗旱能力，Ⅳ山地调水保障农田生态保护区因与红枫湖湖库距离较近，需采取固土措施防止水土流失。Ⅸ山地地质灾害风险区、Ⅴ山地农田生态脆弱区内的耕地有较高的地质灾害风险和水土流失防护需求，为保证防止地质灾害和水土流失的发生，因地制宜制定防灾和水土保持措施。Ⅷ山地森林水源涵养区具有较高的水源涵养及碳汇等作用，应保持生态用地的斑块完整性，避免过度开发。Ⅶ山地森林生态产业发展保育区，合理制定种植与经营规划，防止该区域土壤和森林退化，加强林业生态监测。

第6章 基于山水林田湖草视角的生态系统健康预测

基于山水林田湖草视角的生态系统健康预测具有重要的生态、社会和经济意义。这一视角强调生态要素之间的相互作用与联系，将山体、河流、森林、田地和湖泊视为一个有机整体。通过对生态系统健康的预测，可以有效识别潜在的环境问题和生态风险，从而为提前采取干预措施提供科学依据，避免生态系统的进一步退化。

首先，生态系统健康预测有助于维护生态平衡。山水林田湖草作为一个复杂的生态系统，任何一部分的改变都会对整体产生影响。通过预测，可以及时监测各要素的变化，确保生态系统的稳定性，尤其在面对气候变化、土地利用变化等挑战时尤为重要。

其次，健康预测能支持资源的可持续管理。在生态保护和发展之间寻求平衡是当前的核心任务。预测可以帮助决策者了解不同方案对生态系统的长期影响，从而优化土地、水资源和生物资源的管理，减少人类活动对环境的负面影响。

最后，生态系统健康预测对提高区域经济效益具有实际意义。生态系统的健康与经济发展的可持续性密切相关，通过预测生态变化，能够更好地规划农业、林业和水资源利用，避免因环境恶化带来的经济损失。

6.1 预测模型

6.1.1 灰色预测模型

灰色理论是由我国学者邓聚龙教授于1982年提出的，用于处理信息不完全、数据不充分的系统预测。灰色预测模型通过对不确定性数据进行分析，能够预测未来某一时刻的特征量，或估算达到某一特征量的时间。该模型的核心方法包括累加生成、累减生成和加权累加等，用于生成数据序列。这些方法能够在样本量较小或信息不完整的情况下，对系统进行有效分析和预测，因此，在气象、地震、人口、社会经济等多个领域得到广泛应用。例如，段宝玲等(2016)通过灰色GM(1,1)模型对大同市人口规模进行了预测，白贺兰等(2012)则利用灰色模型模拟了民勤县从2011年到2037年间的粮食产量均值。这些案例展示了灰色模型在解决复杂问题时的实用性和适应性。灰色预测模型的结果通常通过后验差比值(C值)和小误差概率(P值)进行精度评估，以确保预测的准确性。

在本研究中，灰色预测模型被用于对社会、经济、农业等领域的多个指标进行预测。该模型的优势在于，即使面对数据缺失或不完整的情况，也能通过简单的数学模型和少量的历史数据生成有价值的预测结果，从而为决策者提供合理的依据。

6.1.2 CA-Markov模型

CA-Markov模型是一种将元胞自动机(CA)、马尔可夫链(Markov Chain)与地理信息系统(GIS)相结合的模型,主要用于土地利用变化的模拟和预测。1987 年,美国克拉克大学克拉克实验室将 CA-Markov 模型集成到遥感与地理信息平台 IDRISI 中,从而实现了空间格局模拟和土地利用预测的整合应用。

马尔可夫链(Markov Chain)是一种用于描述状态序列的数学模型,其核心思想是每一个状态的转移只依赖于前一个状态。具体来说,如果一个系统的未来状态只与当前状态有关,而与之前的状态无关,这种现象就可以用马尔可夫链来描述。例如,如果X_{n+1}的状态取决于X_n的状态,则可以用以下方程表示:

$$P(X_{n+1}=x \mid X_1=x_1, X_2=x_2, \cdots, X_n=x_n)=P(X_{n+1}=x \mid X_n=x_n) \tag{6.1}$$

在土地利用预测中,马尔可夫链能够预测土地利用类型的数量和结构变化,而元胞自动机则可以通过样本训练,增强对土地空间格局变化的模拟能力。

CA 模型由冯·诺依曼等人奠基,经数学家约翰·何顿·康威、物理学家史蒂芬·沃尔弗拉姆等人的贡献后迅速发展,是一种具有时间、空间和状态离散特性的网格动力学模型,能够模拟复杂系统的时空演化过程。CA 模型主要由四个部分组成:元胞、基础状态、邻域和转换规则。元胞是模型的基本单元,记录着初始状态;邻域则定义了元胞之间的相互作用;转换规则则是模型的核心,通过它来确定元胞的演化(Wolfram,1983)。该模型具有以下四个特点:①每一个元胞都取有限的离散状态;②必须遵循同样的作用规则;③依据确定的局部规则进行同步更新;④其状态改变的规则在时间和空间上都是局部的。

CA-Markov 模型的应用具有很高的精度优势,在土地利用预测中得到了广泛应用。例如,许小娟等(2017)利用 CA-Markov 模型分析了土地利用的自然发展趋势、生态环境保护管理和城市规划与区域发展的三种模式,并模拟了 2020 年的土地利用变化。模型的预测精度通过列联表卡方检验(Cramer's V)和 Kappa 系数进行评估,确保了模拟结果的可靠性。

在本研究中,使用 2005 年和 2010 年的土地利用现状图作为基础数据,通过 CA-Markov 模型模拟了 2015 年的土地利用情况,并将模拟结果与 2015 年实际的土地利用现状进行对比(图 6.1)。转移矩阵的对比结果显示,Kappa 系数达到 0.9298,Cramer's V 为 0.8618,表明模型的模拟效果十分理想。

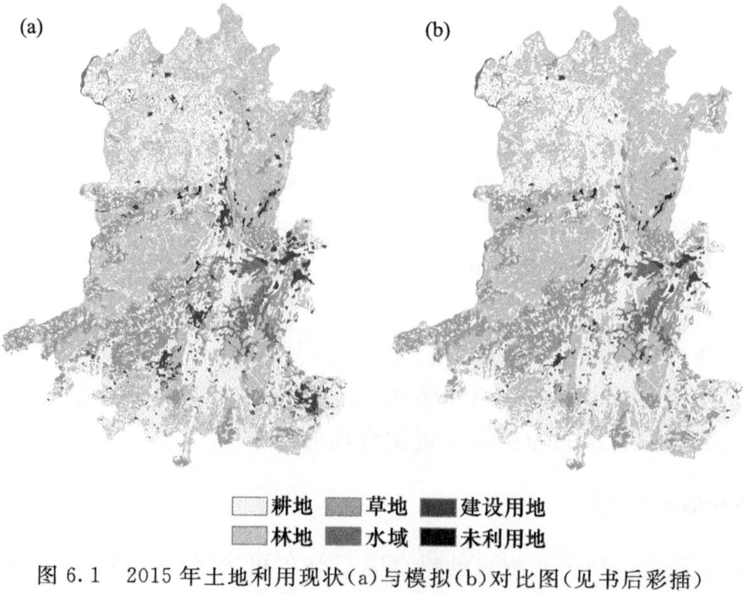

图 6.1　2015 年土地利用现状(a)与模拟(b)对比图(见书后彩插)

灰色预测模型和 CA-Markov 模型作为两种常见的预测工具，具有各自的优势。灰色预测模型尤其适用于不完全信息系统的分析，能够在数据稀缺或不确定性较高的情况下提供有价值的预测结果。而 CA-Markov 模型则通过结合地理信息系统、马尔可夫链和元胞自动机，在空间格局的模拟和预测方面具有更高的精度。综合应用这些模型，能够对社会、经济、土地等方面的变化趋势进行准确的模拟与预测，为土地利用规划、生态环境保护等领域提供重要的科学依据和决策支持。

6.2　预测结果

6.2.1　土地利用预测

本研究采用 IDRISI 软件中的 CA-Markov 模型，以 2005 年、2010 年和 2015 年的土地利用为数据基础，模拟了 2020 年、2025 年和 2030 年的土地利用情况，如图 6.2 所示。

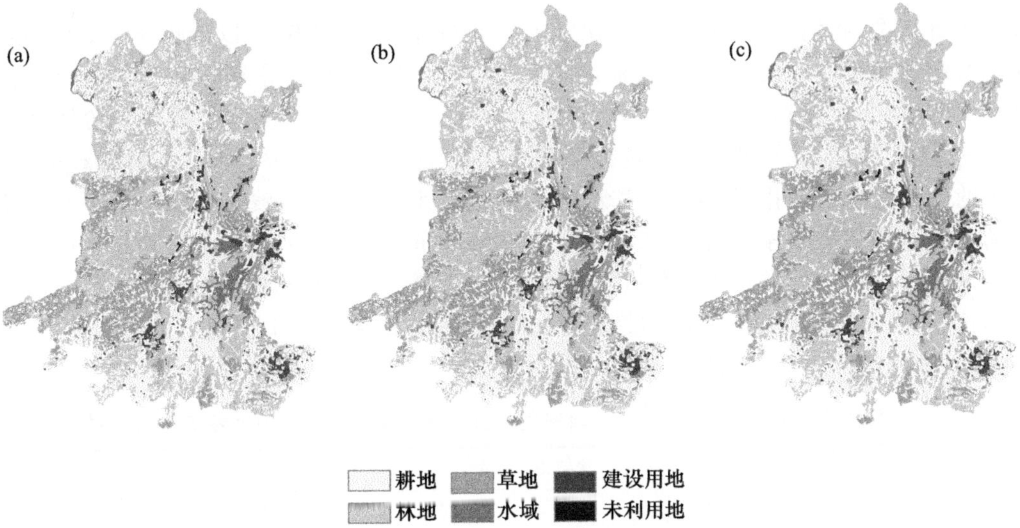

图 6.2　CA-Markov 土地利用模拟图（见书后彩插）
(a)2020 年；(b)2025 年；(c)2030 年

通过对比分析，展示了 2020 年、2025 年和 2030 年红枫湖周边土地利用的变化情况（表 6.1）。具体来看，与 2015 年相比，水域、林地、耕地、红枫湖周边生态用地的面积分别占其对应总面积之比浮动不超过 1.50%。2020 年耕地面积的变化率为 6.86%，到 2025 年和 2030 年则分别增加至 8.14% 和 14.04%；林地的变化率相对较小，分别为 5.15%、6.07% 和 10.14%；草地的变化率则逐渐增加，2020 年为 4.54%，到 2030 年则增加到 8.83%。

水域、建设用地和未利用地的变化较小。水域面积从 2020 年的 10.81%逐渐下降到 2030 年的 9.59%，建设用地的变化率约为 0.1%，面积几乎不变，未利用地的变化率在各个时间节点保持在 8.33%左右。变化较大的土地利用类型是耕地、林地，两者在 2030 年的变化率大于 10.00%，说明耕地面积在未来有所减少，而林地的面积则有不同程度的增加。

表 6.1　2020 年、2025 年和 2030 年红枫湖周边土地利用变化表(与 2015 年相比)

年份	耕地		林地		草地	
	面积/km²	变化率/%	面积/km²	变化率/%	面积/km²	变化率/%
2020	838.53	6.86	1031.66	5.15	372.19	4.54
2025	835.71	8.14	1033.68	6.07	373.39	4.63
2030	833.70	14.04	1035.69	10.14	373.80	8.83
年份	水域		建设用地		未利用地	
	面积/km²	变化率/%	面积/km²	变化率/%	面积/km²	变化率/%
2020	59.55	10.81	75.24	0.11	4.83	8.33
2025	59.15	7.48	75.24	0.09	4.83	8.33
2030	58.75	9.59	74.84	0.11	4.83	8.33

6.2.2 指标层预测

在本研究中,我们运用 MATLAB 建立了灰色 G(1,1)预测模型,以行政区为单位,预测了红枫湖所在的两个行政区平坝区、清镇市的农业生产、气象和社会等基础指标数据。结合灰色模型和 CA-Markov 模拟的结果,参考标准如 4.2 节基于 SC 的生态系统健康评价体系,计算体系中的 27 个指标,并按照表 4.7 进行等级评分,预测结果如表 6.2 所示。利用 fragstate 计算未来的景观类指数变化,从耕地、林地、草地的变化来看,耕地的破碎化程度进一步加剧,其耕地的散布与并列指数显著增加,表明耕地在空间分布上变得更加破碎和零散。同时,通过对模拟结果进行进一步的景观指数分析发现,林地和草地受人类活动的影响逐渐减小,林地和草地的周长-面积分形维数出现减小的趋势,意味着这些自然生态系统得到了更好的保护。未来十年,红枫湖周边的土地利用模式将逐步向生态友好型转变。

表 6.2　2020 年、2025 年和 2030 年红枫湖周边山水林田湖草生命共同体健康指标预测结果

	清镇市			平坝区		
	2020 年	2025 年	2030 年	2020 年	2025 年	2030 年
起伏度	2.01	2.01	2.01	2.19	2.19	2.19
山地、丘陵面积比例	2.00	2.00	2.00	2.00	2.00	2.00
沟壑密度	3.71	3.71	3.71	3.69	3.69	3.69
山地丛生度描述	4.87	4.87	4.87	4.90	4.90	4.90
降雨量	4.00	4.00	4.00	5.00	5.00	5.00
水面率	3.00	3.00	3.00	2.00	2.00	2.00
地表水质达标率	1.00	1.00	1.00	5.00	5.00	5.00
水资源利用率	4.00	4.00	4.00	3.00	3.00	3.00
水网密度	1.93	1.93	1.93	2.35	2.35	2.35
林地覆盖面积比	4.00	4.00	4.00	4.00	4.00	4.00
植被覆盖度	2.54	2.54	2.54	2.38	2.38	2.38
植物净初级生产力	2.00	2.00	2.00	3.00	3.00	3.00

续表

	清镇市			平坝区		
	2020 年	2025 年	2030 年	2020 年	2025 年	2030 年
林地周长-面积分形维数	2.28	2.23	2.26	2.02	2.02	2.04
耕地面积比	5.00	5.00	5.00	4.00	4.00	4.00
耕地面积厚度	3.70	3.99	4.33	3.54	3.80	4.10
耕地单产	2.57	2.41	3.05	2.49	2.43	2.99
耕地的散布与并列指数	3.64	3.60	3.56	3.56	3.64	3.45
蓄水工程用水占比	5.00	5.00	5.00	5.00	5.00	5.00
保护区内生态用地比率	4.00	4.00	4.00	3.00	3.00	3.00
渔业单产	5.00	5.00	5.00	5.00	5.00	5.00
水库的散布与并列指数	3.38	3.36	3.36	3.17	3.16	3.20
人均耕地面积	3.00	3.00	2.00	3.00	3.00	2.00
人均粮食量	1.00	1.00	1.00	2.00	2.00	2.00
人均水产品量	3.00	3.00	3.00	3.00	3.00	3.00
人均水资源量	3.00	3.00	4.00	3.00	3.00	3.00
旱涝灾害等级	4.00	4.00	4.00	4.00	4.00	4.00
水土流失	4.81	4.83	4.85	4.87	4.87	4.88

表 6.2 展示了 2020 年、2025 年和 2030 年红枫湖周边清镇市和平坝区生命共同体健康指标的评分情况。27 个指标中下降指标有：人均耕地面积、人均粮食量、清镇市地表水质达标率、清镇市耕地单产、平坝区水资源利用率，表明这些领域在未来十年中将面临较大的生态压力和管理挑战。然而，其他指标则表现出相对稳定或上升的趋势，反映出在某些方面，区域的生态系统健康状况有所改善。粮食单产的评分在未来几年呈现出逐步上升的趋势，这意味着随着时间的推移，生产力和土地利用效率的提升将为区域生态系统的整体健康水平带来积极影响。

从表 6.2 中可以看出，清镇市和平坝区在不同年份的各项指标评分保持了稳定的趋势，反映了区域生态系统健康状况的综合情况。例如，清镇市的水体质量指标在未来十年间保持了稳定的评分，而平坝县的土地利用及水资源利用率等方面有所改善。

根据以上分析，红枫湖周边区域的土地利用变化与生态系统健康水平密切相关。在未来的十年中，尽管林地和草地等自然生态系统得到了更好的保护，但耕地的破碎化趋势加剧，部分农业和资源利用相关的指标表现出下滑趋势，这对区域生态的可持续发展构成了一定的挑战。

6.3　预测结果分析

在本研究中，通过构建的 SC 生态系统健康评价体系，对 2020 年、2025 年和 2030 年的红枫湖所在两个行政区的生态系统健康进行预测。从整体结果来看，清镇市和平坝区的生态系统健康指数在这三年中保持在亚健康水平，其中清镇市的指数分别为 10.83(2020 年)、10.76(2025 年)和 11.58(2030 年)，而平坝区的指数分别为 11.36(2020 年)、11.50(2025 年)和

11.62(2030 年)(表 6.3)。这个结果表明,尽管健康指数在未来有所改善,但区域生态系统仍然面临一些压力和挑战,尤其是在粮食与水质方面。

通过对系统中各个组成部分的分析,可以看到基本状态指数的变化趋势。总体而言,林地和湖泊的状态呈现出持续变好的态势,特别是在清镇市,林地和湖泊的基本状态指数均高于平坝区,并在预测年份中状态指数达到了 4 以上。这表明清镇市的森林和湖泊生态系统相对健康且稳步改善,能够有效地提供生态服务,支撑生命共同体的可持续发展。然而,在水资源方面,两个区域的差异显著。平坝区的水资源状态在整个预测期内保持不变,水质状况相对稳定。而清镇市则出现了恶化的趋势,这与近年来水资源利用率上升、污染压力增加等因素密切相关。水质恶化将对清镇市的生态系统造成潜在威胁,尤其是水源地的保护和水环境的治理需要引起高度重视。

在田地状态方面,两个区域的基本状态指数均呈下降趋势。这反映出随着人口增长,农业用地的压力逐步加大,特别是耕地资源和粮食产量已不能满足人口需求。表 6.3 中的数据进一步表明,尽管清镇市和平坝区的农业基础设施和耕作技术在逐步提升,但"田"资源的承载力已趋于极限。粮食供给不足将对未来的区域稳定发展带来显著影响。因此,在未来的生态规划和管理中,如何有效提高土地利用效率、提升粮食生产能力,是亟待解决的重要课题。

表 6.3　2020 年、2025 年和 2030 年红枫湖周边生命共同体健康评价体系得分表

区域	年份	山	水	林	田	湖	状态	协调	健康综合
清镇	2020	3.12	2.89	3.86	2.69	4.30	3.37	3.21	10.83
	2025	3.12	2.60	4.04	2.68	4.29	3.35	3.22	10.76
	2030	3.12	2.60	4.23	2.69	4.29	3.38	3.42	11.58
平坝	2020	3.18	3.50	3.58	2.90	3.94	3.35	3.32	11.36
	2025	3.18	3.50	3.77	2.90	3.94	3.39	3.32	11.50
	2030	3.18	3.50	3.94	2.90	3.95	3.42	3.33	11.62

协调指数的变化也值得关注。除了清镇市在 2030 年协调指数略有上升外,其余年份的协调指数均低于 2015 年。这一现象主要归因于人口增长带来的资源需求增加,尤其是粮食供需失衡问题突出。在人口快速增加的背景下,耕地资源的匮乏使得粮食产量难以满足需求,导致协调指数下降,表明区域的生态承载能力面临挑战。此外,水资源的有限性和农业生产效率的不足,也进一步加剧了这一问题。

从健康评价体系的总体趋势来看,水质和粮食供给将成为未来红枫湖周边山水林田湖草生命共同体面临的主要挑战。这两个关键因素直接影响生态系统的稳定性和健康水平。水质问题不仅影响了水生态系统的功能,还可能对生物多样性和人类健康产生负面影响。而粮食问题则关系到区域的经济发展和社会稳定,如何在有限的土地资源上提高粮食生产能力,减少农业对环境的负面影响,将是未来生态管理的重点方向。

红枫湖周边的生态治理不仅需要依赖单一的技术手段,还应注重多学科的交叉合作,建立健全生态系统监测与评估体系,及时掌握生态健康状况的变化趋势,确保有效、及时地实施各项生态保护措施。只有通过综合性、长期性的生态治理策略,才能有效应对未来的生态挑战,确保山水林田湖草生命共同体的可持续健康发展。

6.4 长期措施建议

基于对 2005—2030 年红枫湖所在城镇的生态系统健康状况的分析可知(图 6.3),清镇市与平坝区两区的基本状态指数逐渐趋于稳定,但增量减小,而协调指数呈现下降趋势。为应对这一变化,提出“保状态、促协调”的长期措施建议,旨在保持生态系统的基本状态,同时促进区域内各要素之间的协调与可持续发展。

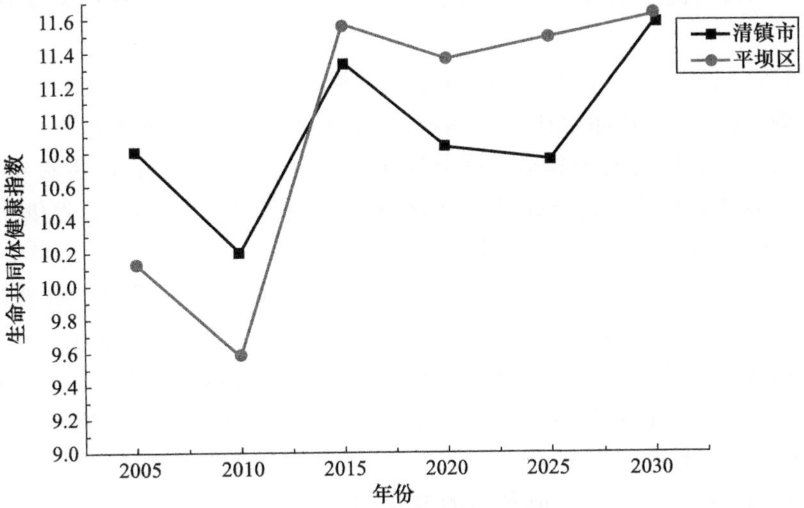

图 6.3　2005—2030 年红枫湖周边山水林田湖生命共同体健康指数曲线

6.4.1 保状态措施

为了有效应对喀斯特地区的生态环境问题,确保区域山水林田湖草的协同可持续发展,需要制定、完善一系列科学的、可操作的长期措施及管理制度。这些措施必须从整体上统筹考虑生态系统的保护与修复,融入区域发展规划,形成生态保护与经济发展共赢的局面。以下是对几个关键措施的详细分析与建议。

(1)小流域合理化布局与环境信息化建设

贵安新区的规划建设标志着区域产业布局进入了一个新的合理化调整阶段。在这个过程中,充分考虑生态环境保护对于区域可持续发展的重要性。从流域层,对于小流域的合理化布局,可以采取分区分类型的集中式布控方式。这样不仅有助于对区域环境污染的有效监控、处理和治理工程的顺利实施,同时还能提高管理效率,减少环境负荷。具体来说,贵安新区可依据现有的产业格局,提升同类产业的聚集度,充分发挥“八园一区”的功能优势,同时协调好各功能区之间的相互影响。将产业按照小流域的特点进行递级分布管理,可以有效预防水土流失,保障水资源的监测和监管工作顺利进行。

此外,借助物联网和大数据技术的飞速发展,环境信息化建设也日益完善。通过建立环境实时监测系统,可以根据不同产业在小流域中的空间分布,有针对性地布控监测点,实时掌握环境变化数据,对环境恶化问题的原因和来源点进行科学溯源排查和精准评估,并根据污染源的具体情况及时制定修护方案,为环境管理和治理措施的优化提供有力的依据。

(2)污水处理模式深入研究

红枫湖所在区域的地形复杂多样,特别是喀斯特地貌特征显著,这对污水处理模式提出了更高的要求。因此,需要采取分散和集中相结合的污水处理方法。在地势平坦、人口集中的城镇和工业园区,集中式污水处理模式具有较高的处理效率。通过铺设管道运输污水,有利于统一管理,保证污水的集中处理,实现污水处理的高达标率。然而,对于偏远、地势起伏较大的农村地区,集中式污水处理模式往往由于高昂的管道建设和维护成本而不适用。在这些地区,分散式污水处理方式则更为合理。通过"化整为零"的方式,在小范围内集中处理污水,不仅能减少集中处理运输过程中二次污染的发生,还能显著降低运输管道铺设的成本。

针对喀斯特区域的特殊性,应加大对国内外先进污水处理方案的收集与研究,探索适应本地区特点的物理、化学和生物净水模式。例如,利用人工构建稳定塘和湿地的耦合系统,通过引入能够吸附污染物的植物或培养具有强分解能力的微生物,达到过滤、吸附和分解污染物的效果。这不仅能有效处理农村地区的生活污水,还能为水资源的长期健康提供保障。

(3)湖泊与水库周边土地治理与监控

湖泊与水库作为区域重要的饮用水源,对周边的生态系统至关重要。红枫湖及其周边区域的生态系统在调节降雨时间分布、保证季节性用水需求、提高区域抗洪能力和促进生态生物多样性方面发挥着不可替代的作用。然而,目前研究区内湖泊周边的生态用地面积尚未达到保护区标准面积的70%,水生态环境面临被压缩的困境。因此,针对湖泊与水库周边土地的治理与监控,提出以下建议。首先,应加强对保护区内不同类型用地的管理,尤其是提高林地覆盖面积,严格监控准保护区内土地利用的变化,防止建设用地对生态敏感区域的侵占。其次,应注重河岸区域的维护,通过修建或维护上游的沟渠和护岸带,清理泥沙和滞留农业养分,减少水库淤积和水体富营养化的风险。最后,应加强水源涵养林的建设。水源涵养林不仅在调节水文、净化水质、控制径流和水土保持方面具有重要功能,还能显著改善上游区域的水资源保护条件。依据实地的土壤类型和厚度,选择合适的植被类型来建设水源涵养林,从而最大程度发挥其生态效益。

(4)从结构、管理机制上提升林地质量

尽管清镇市和平坝区的林地覆盖面积已经达到全国森林城市的标准,但林地的植被结构较为单一,郁闭度不高,部分林地甚至出现了退化。因此,需要通过优化林地的结构配置来提高其生态服务价值。首先,可以通过调整林地的垂直结构,增加植被的固碳能力,提升郁闭度,丰富植被群落的层次结构,从而在调节局地小气候的同时,增强林地的生态功能。其次,应加强对其他土地类型的管理,严格限制对林地的占用,尤其是考虑到喀斯特地区的特殊性,"占与补"策略在此类区域并不总是适用。因此,在高坡度地区应采取退耕还林措施,减少建设用地和矿区对林地的侵占。此外,应根据不同区域的生态敏感性,对林地进行分区维护,并制定相应的保护方案。在生态敏感区和生态保护区内,应禁止开发活动,同时减少对公益林和林地生产基地的开发,优化其种类结构,特别是在高坡度山地林地中,选育高价值、品质优良的树种,提高人工林在林地中的比例,减少对天然林的破坏。最后,应建立区域森林系统植被样本库,并完善森林系统的抗灾和灾后修护机制。在林地遭遇自然灾害时,及时采取应急措施,避免灾害进一步扩大,灾后通过封山育林等方式修复受损林地,从而保证森林生态系统的长期健康和树种类型的多样性。

(5)山水林田湖草(沙)生命共同体绿色发展理念深化

在党的十九大报告中,“绿色发展”被确立为新时代的重要发展理念之一。与此同时,山水林田湖草(沙)生命共同体生态修护试点也在全国范围内逐步推广。政府在推动这一理念时,应充分认识到“绿水青山就是金山银山”的科学论断,将山水林田湖草(沙)生命共同体的理念融入地方的生态修复和经济发展规划之中。

首先,政府需要打破传统的部门分割管理模式,实现区域生态系统的综合治理。通过统筹区域经济发展、生态文明建设与生态环境保护,建立多方协作的管理机制,确保生态保护与经济发展相协调。其次,在喀斯特地区这一生态脆弱区域,应探索一种兼顾产业发展和生态保护的绿色发展模式,既能够让当地居民富裕起来,又能够确保区域生态的长期健康与稳定。

喀斯特地区生态系统的特殊性要求我们必须注重保护和恢复生态环境。在实施具体的修护措施时,必须坚持生态优先、科学规划的原则。例如,通过发展可持续农业和生态旅游等绿色产业,不仅可以增加区域的经济收益,还可以减少传统工业和农业对生态环境的压力。此外,喀斯特地区应积极探索生态补偿机制,为当地居民提供必要的生态补偿,激励他们参与到生态保护的工作中来。

6.4.2　促协调措施

为了有效应对红枫湖周边区域的生态环境压力,确保生态系统的可持续发展,必须采取长期的综合措施。以下是针对该区域的主要问题提出的“促协调”治理建议。

(1)促进水资源的综合利用,解决用水难题

① 综合开发地表水和地下水资源。喀斯特地区由于特殊的地质结构,水资源的获取和利用较为复杂。虽然近年来已经实施了诸如黔中水利工程和迎燕水库等大型水利项目,但这些工程的覆盖范围有限,无法在短期内解决所有地区的供水问题(张浪 等,2022)。因此,综合利用地表水与地下水资源成为关键解决方案。

地下水资源作为一种潜在的补充水源,在部分地区可以有效缓解用水困难。然而,地下水的开发必须基于科学的水文地质研究。首先,必须深入研究地表水和地下水之间的转换模式与规律,评估地下水的可持续开采边界阈值。其次,根据地下水埋藏深度,采用差异化的开发策略。例如,对于出露的地下水源(地下河出口、岩溶泉)宜采用堵截、蓄水、引流的方式加以利用;在地下水位较浅的地区则可通过凿井提水的方式利用。最后,必须注意避免地下水的过度开采,以防引发塌陷、地表污染等次生环境问题。

② 加强地下水的监测与管理。为了减少地下水利用对生态环境的负面影响,必须建立健全地下水监测体系,尤其是在喀斯特地区,应重点关注地下水位的变化。应通过分期开发的方式,合理分配使用水资源,防止上下水源转换点的裸露率上升。同时,需加强地表水体的污染治理,防止污染物通过渗漏进入地下水系统,保障水源地的安全与清洁。

(2)改善耕地资源,提升农业生产能力

① 守住耕地红线,优化土地利用结构。喀斯特地区耕地资源有限,且土壤肥力普遍较差。因此,必须在确保耕地总面积不减少的前提下,进一步提高耕地的利用效率。首先,应严格守住耕地红线,确保优质耕地不被占用。特别是在生态功能较强的区域,要守住“生态良田”,保持这些区域的可持续利用。其次,应通过土地整治工程优化土地结构,对破碎的耕地进行集中整理,提高耕地的连片程度和集中利用率,从而便于现代农业技术的推广。对于土壤自然肥力

较差、基础设施配套不足的区域，应考虑将部分耕地退耕还林，以提高整体生态效益。

② 提升土壤肥力与耕地质量。在土壤贫瘠地区，应开展示范性土壤改良工程，针对不同类型的喀斯特地貌和土壤特性，采取科学的肥力管理措施。合理使用化肥和农药，防止因过度施肥而导致的土壤退化与环境污染问题。同时，推广覆被耕作法、改良耕地微地形（如梯田等），有效减少土壤流失和养分流失。此外，针对洪涝、干旱等自然灾害的风险，应通过加强灌溉设施的建设和推广节水型灌溉技术（如滴灌、喷灌等），提高农业生产的抗灾能力。

③ 增强农业基础设施，提升粮食生产能力。为确保粮食安全，必须增强农业基础设施的建设力度，尤其是在灌溉和排水系统方面。通过坡改梯、堤岸防护等工程性措施，提高农田的抗灾能力。同时，利用杂交育种技术，选育适合当地环境的高产粮食品种，进一步提高单位面积内的粮食产量。

（3）应对粮食需求的挑战

粮食短缺是今后威胁研究区居民生存与生活的主要问题之一，现阶段区域的农产品结构调整使得耕地种植区耕地质量下降，优质耕地区种植其他经济作物，两区粮食总产量不能满足区域的人口粮食需求。但如果采用扩大耕地面积、大量投放肥料来提高粮食总产量的方式，会加重水土流失、破坏水环境，此种方式不可取。因此提出以下建议。

① 优化农作物种植结构，保障粮食安全。稳定优质耕地的种植面积是保障粮食安全的首要任务。保持底线思维，对于现有的优质耕地区，必须避免种植其他经济作物，以免影响粮食产量。

② 提高单位面积粮食产量。为了提高粮食总产量，应通过农业技术创新和工程性手段提高单位面积的粮食生产效率。例如，可以通过引入杂交技术提高粮食品种的抗旱、抗病能力，减少病虫害的影响。与此同时，还应通过改良坡地和水土保持措施，防止水土流失，确保耕地的长期生产能力。

③ 国际粮食贸易的支持。当区域粮食生产无法满足需求时，进口粮食成为保障粮食安全的必要手段。为了确保粮食供应的稳定性，可以通过发展特色经济作物的出口，基础性粮食进口，实现贸易顺差。这不仅可以平衡进出口、弥补粮食缺口，还能推动区域经济的发展。

（4）点对点防治旱涝灾害

① 针对区域特点的防洪抗旱措施。喀斯特地区的旱涝灾害具有区域性强、成因复杂的特点，因此，针对不同的地质地貌区域，应采取点对点的防治方案。对于容易发生春旱的地区，可以在城镇集中的区域建立应急水库，同时适度开发地下水资源作为补充。在雨季，必须充分利用区域内的“三小工程”（小水库、小坝、小塘堰），通过加强对这些设施的维护和管理，确保它们在旱涝时期的有效运行。

② 采用自然调蓄与工程防护相结合的方式。在防洪措施方面，应综合利用自然调蓄与工程防护手段。森林、湿地和水域等自然系统具有重要的调蓄功能，能够有效减少洪水的影响。因此，应进一步加强对森林和湿地的保护，提升区域生态系统的洪水响应能力。同时，对于易涝区，应根据洪水成因，采取工程性措施进行治理。例如，当地下河道堵塞时，应根据实际情况制定针对性的疏通方案，确保水流的畅通。

③ 科学制定防灾应急方案。为了提高区域防灾能力，应根据喀斯特地区的具体情况，结合人口分布、经济发展、地质地貌等因素，制定科学的防灾应急方案。在汛期来临前，应加强对易灾区域的预警监测，制定详细的疏散和防洪措施，主动防御洪水灾害，避免财产损失。

(5)综合治理生态环境，确保可持续发展

① 多学科合作与科技创新。生态环境的治理是一个复杂的系统工程，需要多学科的交叉合作。在未来的发展中，必须通过引入现代科技手段，结合生态学、地质学、水文学、农业等多领域的研究成果，提出科学的治理方案。例如，通过遥感技术和大数据分析，可以对区域的生态系统进行动态监测，及时发现生态问题并做出应对。

② 建立健全的生态保护政策与法规。为了保障生态系统的长期健康发展，必须建立健全生态保护政策与法规，明确各方责任和义务。在喀斯特地区，应重点加强对水源地、森林和湿地等关键生态功能节点的保护力度，制定严格的环境准入标准，加强项目引入的事前评估，防止不合理的开发活动对生态系统造成破坏。

总而言之，红枫湖周边区域的生态系统治理是一项长期而复杂的任务。通过对水资源的合理开发、耕地资源的优化利用、粮食生产能力的提升以及科学的防灾措施，可以有效应对未来的生态环境挑战。各方必须加强合作，通过综合治理手段，实现区域的可持续发展。

第 7 章　山水林田湖草(沙)综合治理管理措施研究

7.1　对山水林田湖草(沙)生命共同体的认知

山水林田湖草(沙)生命共同体的基本内涵深刻揭示了人与自然生命过程的根本联系。它是不同自然生态系统间能量流动、物质循环和信息传递的有机整体,代表了人类与自然界紧密依存的关系。这个生命共同体不仅涉及各个自然要素的互动,还囊括了丰富的生物多样性和广阔的区域尺度,形成了一个涵盖生物、物理和化学过程的综合生态系统。人类依赖田地生产谷物维系生命,而水体滋润田地,使其得以永续利用;山体则通过凝聚水分涵养土壤,确保水源充足;山水田构成生态系统中的环境,而林草依赖阳光雨露,成为生态系统中最基础的生产者(Liu S et al.,2023)。山、水、林、田、湖、草、沙作为自然生态系统,与人类有着极为密切的共生关系,共同组成了一个有机、有序的生命共同体。基于这种认识,生态保护与修复不仅仅是针对单一对象的管理,而是将山、水、林、田、湖、草、沙等多种生态系统按照生态耦合原理联通起来,综合考虑整个区域的生物多样性和生态过程。通过这种整体性治理,可以更有效地维护和增强生态系统的功能,如水源涵养、水土保持、气候调节等,同时确保能量和物质的有序循环。

山水林田湖草(沙)系统保护修复的思想突破了以往只针对单一对象的局限性,将山(山体)、水(降水、河流)、林(森林)、田(农田)、湖(湖泊、水库等)、草(草地)、沙(沙地)和人类社会等多个生态系统按生态系统耦合原理联通起来,涵盖了区域生物多样性和主要的生态学进程。这种新的治理模式强调多系统联动,从根本上提升了生态系统的健康水平。首先,通过保护和修复受损的生态系统结构,可以提高其抵御外界扰动的能力,无论是长期的自然变化,还是突发的人为扰动,这一系统都能够保持一定的弹性和稳定性。其次,生态系统的生物多样性、水源涵养、养分循环等服务功能得以恢复和加强,从而为区域的可持续发展提供了强有力的保障。同时,这种修复策略还强调自然、社会和经济之间的互补与协调,通过加强生态系统的稳定性,最终实现良好的生态可持续性(Costanza,2012)。

为了确保山水林田湖草(沙)系统的综合治理效果,必须把握以下三个关键方面。首先是系统性。我国独特的自然地理背景决定了不同区域的生态系统格局,各种生态系统都有其脆弱和敏感的一面。因此,在进行生态保护与修复时,必须着眼于整个生态系统,避免孤立地处理某个生态要素。各生态要素之间的相互依存、相互影响和相互制约关系,需要在治理过程中得到充分考虑。头痛医头、脚痛医脚的局部修复方式往往无法从根本上解决生态问题,只有系统性的综合治理才能确保生态系统的长期健康。其次是区域性。不同地域的环境背景、资源条件、人口密度和发展水平各不相同,这决定了区域性生态问题的差异。因此,在开展生态保护与修复工作时,必须基于每个区域的特点和原有的生态功能,因地制宜,避免采取"一刀切"的方式。区域性治理不仅要考虑当地的自然条件,还需兼顾经济社会发展水平和人类活动对生态的影响,找到适合每个地区的生态治理路径。最后是整体性。生态保护与修复涉及多个生态要素(如山、水、林、田、湖、草、沙)和多个学科领域,因此,必须整合多方面的力量和资源,以实现生态系统的整体性修复。打破传统的碎片化项目管理模式,聚焦生态系统整体功能的修复与提升,是确保治理效果的重要前提。通过总体设计和整体推进,可以避免工程项目的分散和重复建设,确保每一个生态修复项目都能够在区域生态系统中发挥其应有的作用(张进德,2018)。

总之,山水林田湖草(沙)生命共同体的理念为生态保护与修复提供了新的理论基础和实践方向。在实际操作中,这一理念不仅可以帮助我们更全面地认识到生态系统的复杂性和相互依存性,还能够指导我们更科学、有效地进行生态管理。通过系统性、区域性和整体性的综合治理,我们可以实现生态系统的可持续发展,为人类和自然的和谐共生奠定坚实的基础。

7.2　山水林田湖草综合治理工程

7.2.1　中国山水工程的实施情况

中国的山水林田湖草(沙)理念打破了以往各部门和治理项目“各自为战”的局面,提出了“生态耦合”的概念,逐步形成了更为系统和综合的生态修复治理框架。

2013—2016 年,耦合治理的第一阶段主要停留在理念层面,逐步构建出生态耦合的理论框架。在此期间,生态治理工作仍存在一定的碎片化,项目间缺乏有机联系和整体协调。然而,这一阶段的工作为后续的综合实践奠定了基础,逐渐推动各部门在生态修复领域的合作意识。

2017—2020 年,耦合治理进入了综合实践阶段。2016 年,财政部、国土资源部和环境保护部联合发布了《关于推进山水林田湖生态保护修复工作的通知》(财建〔2016〕725 号),明确了山水林田湖草生态修复的系统性思路,推动了全国范围内大规模的生态保护和修复工作。这一阶段,国家层面的政策规划逐渐明晰,相关的项目设计、资金安排、实施监管和效果评估体系开始逐步建立。以山水林田湖草为核心的生态保护和修复工程已经形成了一定的规模,涵盖了多个生态系统要素的保护与修复工作。

随着 2020 年《全国重要生态系统保护和修复重大工程总体规划(2021—2035 年)》和《山水林田湖草生态保护修复工程指南(试行)》的发布,2021 年至今,耦合治理进入了第三阶段。此时,国家层面的生态修复工作进入了更加系统化、科学化的实施阶段,不仅在理论研究上得到了深化,还在实际操作中取得了显著进展。政府在全国范围内加大了对生态修复的投入和监管力度,各地的项目在实施过程中逐步形成了系统性的操作流程,包括项目立项、方案设计、监测评价、验收和技术指导等环节的全流程管理。

2022 年,中国“山水工程”取得了国际认可,被联合国评为首批“世界十大生态恢复旗舰项目”,展示了中国在生态文明建设领域的成就与经验。这个项目的成功不仅为中国生态保护和修复提供了有力的科学支持,也为全球生态恢复提供了中国智慧和方案。中国的“山水工程”案例成为了世界范围内学习和借鉴的典范,推动了人与自然和谐共生理念的全球传播。

从全国实施情况来看，基于《全国重要生态系统保护和修复重大工程总体规划（2021—2035年）》中提出的“三区四带”生态安全格局，截至2024年10月，全国范围内支持了6批共52个“山水工程”，涵盖了29个省份，实施范围广泛（表7.1）。具体分布上，青藏高原生态屏障区、黄河重点生态区、长江重点生态区、东北森林带、北方防沙带、南方丘陵山地带和海岸带等区域均有相关项目实施。以这些重点区域为核心，山水林田湖草（沙）一体化的生态修复工程总共完成了超过1亿亩的治理面积，有效改善了生态环境质量，增强了区域生态系统的韧性和稳定性。

表7.1 山水林田湖草系统保护修复试点情况

序号	申报时间/年	实施省(区、市)	涉及地(市、州)	项目名称
1	2016	青海省	海西州、海东市	青海祁连山区山水林田湖生态保护修复试点
2		甘肃省	张掖市	甘肃河西走廊山水林田湖草沙生态保护修复试点
3		陕西省	延安市、铜川市	陕西省黄土高原地区山水林田湖生态保护修复工程
4		河北省	承德市	京津冀水源涵养区山水林田湖生态保护修复试点
5		江西省	赣州市	赣州市山水林田湖草生态保护修复试点
6	2017	吉林省	延边州	长白山区山水林田湖草生态保护修复试点
7		山东省	泰安市	泰山区域山水林田湖草保护修复试点
8		福建省	三明市、福州市、宁德市、南平市	闽江流域山水林田湖草生态保护修复试点
9		广西壮族自治区	百色市、崇左市、南宁市	左右江流域山水林田湖草生态保护修复工程
10		四川省	广安市	广安华蓥山区山水林田湖草生态保护修复工程试点
11		云南省	玉溪市	云南省抚仙湖流域山水林田湖草生态修复工程试点
12	2018	黑龙江省	伊春市、哈尔滨市、鹤岗市、七台河市、双鸭山市	小兴安岭—三江平原山水林田湖草生态保护修复工程试点
13		内蒙古自治区	巴彦淖尔市	乌梁素海流域山水林田湖草生态保护修复试点
14		新疆维吾尔自治区	阿勒泰地区	新疆额尔齐斯河流域山水林田湖草生态保护修复工程试点

续表

序号	申报时间/年	实施省(区、市)	涉及地(市、州)	项目名称
15	2018	宁夏回族自治区	石嘴山市	贺兰山东麓山水林田湖草一体化保护和修复工程
16		山西省	忻州市、太原市	汾河中上游山水林田湖草生态保护修复工程试点项目
17		河北省	保定市	雄安新区山水林田湖草生态保护修复工程
18		河南省	安阳市、焦作市、鹤壁市、新乡市、济源市	河南省南太行地区山水林田湖草生态保护修复试点
19		湖北省	恩施州、宜昌市、荆州市	长江三峡地区山水林田湖草生态保护修复工程
20		湖南省	娄底市、永州市、郴州市、衡阳市、常德市、益阳市、岳阳市	湘江流域和洞庭湖山水林田湖草生态保护修复工程试点
21		浙江省	衢州市、杭州市、建德市	钱塘江源头区域山水林田湖草生态保护修复工程试点
22		广东省	韶关市	广东粤北南岭山区山水林田湖草生态保护修复试点工程
23		贵州省	六盘水市	乌蒙山区山水林田湖草生态保护修复试点
24		重庆市	重庆市	长江上游生态屏障(重庆段)山水林田湖草生态保护修复国家试点工程
25		西藏自治区	拉萨市	拉萨河流域山水林田湖草生态保护修复试点
26		西藏自治区	山南市	山南市雅江流域山水林田湖草生态保护修复项目
27	2021	辽宁省	抚顺市、辽阳市、盘锦市	辽河流域(浑太水系)上游抚顺段——水源涵养区山水林田湖草生态保护修复工程
28		内蒙古自治区	通辽市	科尔沁草原山水林田湖草沙一体化保护和修复工程
29		新疆维吾尔自治区	阿克苏地区	塔里木河重要源流区(阿克苏河流域)山水林田湖草沙一体化保护和修复工程项目
30		甘肃省	甘南州	甘南黄河上游水源涵养区山水林田湖草沙一体化保护和修复工程
31		山东省	临沂市	沂蒙山区域山水林田湖草沙一体化保护和修复工程
32		安徽省	合肥市	巢湖流域山水林田湖草沙一体化保护和修复工程

续表

序号	申报时间/年	实施省(区、市)	涉及地(市、州)	项目名称
33	2021	浙江省	丽水市	瓯江源头区域山水林田湖草沙一体化保护和修复工程
34		福建省	泉州市、漳州市、龙岩市	福建九龙江流域山水林田湖草沙一体化保护和修复工程项目
35		广东省	梅州市	广东南岭山区韩江中上游山水林田湖草沙一体化保护和修复工程
36		贵州省	毕节市、铜仁市、遵义市	武陵山区山水林田湖草沙一体化保护和修复工程
37	2022	陕西省	西安市	陕西省秦岭北麓主体山水林田湖草沙一体化保护和修复工程
38		河南省	郑州市、三门峡市、洛阳市	秦岭东段洛河流域山水林田湖草沙一体化保护和修复工程
39		江苏省	淮安市、宿迁市、徐州市、扬州市	江苏南水北调东线湖网地区山水林田湖草沙一体化保护和修复工程子项目
40		湖北省	荆州市	长江荆江段及洪湖流域山水林田湖草沙一体化保护和修复工程
41		湖南省	常德市、益阳市、岳阳市	湖南长江经济带重点生态区洞庭湖区域山水林田湖草沙保护和修复一体化工程
42		广西壮族自治区	桂林市	桂林漓江流域山水林田湖草沙一体化保护和修复工程项目
43		四川省	阿坝藏族羌族自治州	黄河上游若尔盖草原湿地山水林田湖草沙冰一体化保护和修复工程
44		云南省	大理白族自治州	洱海流域山水林田湖草沙一体化保护和修复工程
45		重庆市	重庆市	重庆三峡库区腹心地带山水林田湖草沙一体化保护和修复工程
46	2023	吉林省	白山市、通化市	鸭绿江重要源流区山水林田湖草沙一体化保护和修复工程
47		青海省	海东市、海北州、西宁市	青海青藏高原生态屏障区东部湟水流域山水林田湖草沙一体化保护和修复工程
48		宁夏回族自治区	固原市	黄河流域六盘山生态功能区(宁夏段)山水林田湖草沙一体化保护和修复工程
49		山西省	吕梁市、临汾市	山西省黄河重点生态区吕梁山西麓山水林田湖草沙一体化保护和修复工程

续表

序号	申报时间/年	实施省(区、市)	涉及地(市、州)	项目名称
50		河北省	保定市	河北白洋淀上游流域山水林田湖草沙一体化保护和修复工程
51	2023	海南省	三亚市、五指山市、乐东黎族自治县、陵水黎族自治县、保亭黎族自治县	海南南部典型热带区域山水林田湖草沙一体化保护和修复工程
52		北京市	北京市	首都西部生态屏障区山水林田湖草沙一体化保护和修复工程

通过这些综合性的生态治理工程,中国的山水林田湖草生态修复工作取得了显著成效,不仅推动了生态系统的健康发展,还为区域经济社会的可持续发展奠定了坚实的基础。这些工程项目的实施标志着中国在生态治理领域已经进入了新的历史阶段,逐步走向更加系统化、科学化和可持续发展的方向。

7.2.2 山水工程的内容与原则

山水林田湖草(沙)生态保护修复工程是生态文明建设的重要实践,其核心原则体现在《山水林田湖草生态保护修复工程指南(试行)》以及《全国重要生态系统保护和修复重大工程总体规划(2021—2035 年)》中。该项目秉承“生态优先、绿色发展”的理念,强调以自然恢复为主、人工修复为辅,采取统筹规划与综合治理相结合的方式,解决生态问题,推动经济合理、效益综合的生态修复。

(1)山水林田湖草(沙)系统的保护与修复

山水林田湖草系统保护与修复的基本理念基于生态系统完整性与协同性的原理,强调系统性、整体性和协调性。为贯彻这一理念,相关工作应遵循以下四大原则。

① 整体保护,系统修复。生态系统的整体性和系统性决定了保护与修复工作的全局性。修复工作的重点在于维护生态系统的完整性,确保山体、水体、林地、田地、湖泊和草地、沙地之间的协同关系。只有在生态要素之间实现有序的相互作用,才能全面提高生态系统的服务功能。因此,保护与修复工作必须始终贯穿整体保护和系统修复的理念,紧密围绕提高生态系统健康和服务效益的目标。

② 综合治理,科学设计。综合治理是解决复杂生态问题的关键。必须通过科学设计,从全局视角出发,制定顶层设计。坚持问题导向,综合解决生态退化、环境污染、景观破碎和栖息地受损等问题。这要求根据生态退化程度选择可行、有效,且相对成熟的治理技术和方法,提高修复工作的效率。通过科学设计确保修复工作的系统性与可持续性,从而提升生态系统的恢复力与功能。

③ 连通耦合,互补协调。在生态修复中,必须充分考虑各生态要素之间的连通性与耦合关系。山体、水系、林地、田地、湖泊与草地、沙地等生态单元应依据生态系统耦合原理加以联通,确保生态循环系统的完整性。通过分阶段、逐步实施综合治理,既可解决当前的生态问题,又着眼于未来的发展。这一过程要兼顾社会、经济、自然系统之间的互补与协调,以实现生态系统长期的健康与可持续发展。

④ 统筹力量，协同创新。为了推动山水林田湖草(沙)系统保护与修复工作，需要有效整合各方力量，包括矿山地质环境治理、土地整治、环境污染治理、水污染防治、农村环境保护等多个方面的资源。通过跨学科、跨领域的合作，集成各类资源，形成协同创新的工作机制。加强学科间的合作与融合，提升创新能力，推动保护与修复工作不断迈向新的高度。

(2)山水林田湖草(沙)系统保护与修复的具体内容

山水林田湖草(沙)系统保护与修复的具体内容基于现有的生态问题，山水林田湖草系统的保护与修复内容涵盖多个方面，具体如下。

① 生态系统评估与修复方案制定。在全国范围内，对重要生态功能区、重点生态敏感脆弱区以及生态保护红线内的典型区域进行生态系统格局、质量与功能的调查与评估。评估结果将作为制定山水林田湖草系统保护与修复工程实施方案的依据，以确保修复工作的科学性与针对性。

② 技术研发与制度完善。强化生态修复技术的研发，完善生态修复的相关制度。通过加强已有重点生态保护修复工程的建设，进一步巩固和提高现有的修复成果，确保生态修复的长期效果与持续性。

③ 废弃地修复与水系连通。针对煤矿塌陷区、工矿废弃地等特殊区域开展生态修复与复垦，因地制宜地构建江河湖库水系连通格局，增强水资源调配与防洪减灾的能力。同时，进一步加强中小河流的治理及山洪地质灾害的防治，确保水系的生态稳定。

④ 荒漠化等问题的综合治理。针对荒漠化、石漠化、盐碱化、水土流失以及污染区等问题，采取综合治理措施，特别是加强退化生态系统的保护与修复，逐步提升生态系统的恢复力和可持续发展能力。

⑤ 自然保护区的建设与生物多样性保护。开展自然保护区的物种资源调查，评估保护成效与生态系统状况，识别生物多样性及栖息地的关键区域。通过跨区域生态廊道的构建，提升生态系统的完整性和连通性，优化生物多样性保护格局，从而增强生物多样性保护功能。

⑥ 生态移民与产业升级。针对重要生态功能区和生态保护红线内的人类活动干扰区，有序推动生态移民和产业升级，减少人类活动对生态环境的破坏，促进区域生态保护与经济发展的协同推进。

⑦ 生态信息管理平台建设。建立集监测、评估、预警、调控和管理等功能于一体的山水林田湖草系统信息管理平台，形成长效的管理机制，以确保修复工作的可持续性和有效性。

总之，山水林田湖草系统的保护与修复工作是一个系统性、复杂性和长期性的任务。通过整体规划、科学治理、创新协作和生态系统耦合原则的指导，能够逐步恢复受损生态系统，实现生态环境的长远健康与可持续发展。

7.2.3 贵州省山水工程实施情况

(1)贵州省山水林田湖草现状

贵州省在“双重规划”中被列为长江重点生态功能区，涵盖了武陵山区的生物多样性保护与水土保持，以及桂、黔、滇[①]喀斯特地区的石漠化防治两个国家级生态功能区。这一战略规划紧密结合了长江经济带发展要求和川滇生态屏障的生态保护任务，提出了“共抓大保护、不

① 注：广西壮族自治区简称“桂”；贵州省简称“黔”；云南省简称“滇”。

搞大开发"的原则。该规划强调通过加强森林、河湖、湿地等生态系统的保护,实施天然林保护、退耕还林还草、矿山生态修复、土地综合整治等多项生态修复措施,逐步提升区域的水源涵养能力和水土保持功能,进一步巩固河湖和湿地生态系统的稳定性和服务功能,推动长江绿色生态廊道的建设(贵州省自然资源厅,2023)。

贵州省的地理位置决定了其作为青藏高原第一阶梯向东部第三阶梯丘陵平原过渡地带的独特生态价值。贵州省地势西高东低,形成东西三个梯级和南北两个斜坡带,表现出显著的岩溶山地地理特征,构成了山水林田湖草等重要生态要素格局(贵州省自然资源厅,2022)。

山:贵州省的地形以高原山地为主,地貌类型复杂,包括高原、山地、丘陵和盆地四种基本类型。其中,山地和丘陵占据了全省 92.5%的面积,形成了以山为骨架的自然生态系统。由于山区地形起伏较大,植被和生物多样性极其丰富,这为贵州省提供了丰富的森林资源,但同时也带来了较大的水土流失和石漠化风险。

水:贵州省的水系极为发达,苗岭是长江和珠江的分水岭,形成了两大流域系统。以北为长江流域,包括乌江、沅江、牛栏江—横江和赤水河—綦江四大水系;以南为珠江流域,涵盖南盘江、北盘江、红水河和都柳江四大水系。贵州的水资源不仅丰富,而且具有重要的水源涵养功能,为全省乃至长江和珠江流域的水生态安全提供了保障。

林:贵州省的森林资源极其丰富,全省林地面积达到 1121.01 万 hm^2,森林蓄积量达 6.09 亿 m^3。贵州省的森林不仅是重要的生态屏障,还在涵养水源、维护生物多样性、调节气候等方面起到了至关重要的作用。然而,近年来随着农业开发和城市扩张,部分地区的森林面临过度开发的问题,亟须加强保护和修复。

田:贵州省的土地资源相对稀缺,尤其是耕地资源。全省农用地面积为 1644.84 万 hm^2,其中耕地面积仅为 347.26 万 hm^2。贵州省的耕地主要分布在丘陵和山地之间,土地开垦较为困难,农业生产受到地形条件的限制,粮食生产面临挑战。因此,合理利用耕地资源,优化农业生产布局,是贵州省农业可持续发展的关键。

湖:贵州省湖泊众多,天然湖泊以喀斯特湖泊为主,最著名的是高原明珠威宁草海。人工湖泊则多因水利工程和水电站建设而形成,全省的湿地面积为 0.71 万 hm^2。这些湖泊和湿地不仅是重要的生态系统,还具有调蓄洪水、涵养水源和维持生物多样性的重要功能。然而,随着区域开发和气候变化,部分湖泊的生态系统受到威胁,需要进一步加强保护和管理。

草:贵州省的草地面积为 18.83 万 hm^2,草原综合植被盖度达到 88%。草地类型多样,主要包括热性灌草丛类、暖性灌草丛类、山地草甸类和低地草甸类四大类。草地在生态系统中具有涵养水源、固碳以及维护生物多样性的作用。然而,由于贵州地处滇、黔、桂石漠化集中连片区的核心地带,草地也面临石漠化的威胁。根据岩溶地区第三次石漠化监测结果显示,贵州省的石漠化面积仍达 247.00 万 hm^2,严重影响了区域的生态健康。

(2)贵州省主要生态问题

生态保护空间与发展空间之间存在显著冲突。全省划定的生态保护区域总面积达 733.80 万 hm^2,涵盖了生态保护红线区和其他生态保护区域。然而,这些区域中仍然存在一定数量的城镇建设用地、耕地和其他用地,导致了生态保护与发展之间的矛盾。数据显示,生态保护空间内有 4.19 万 hm^2 的建设活动区域,其中包含 19.15 万 hm^2 的耕地和 3.37 万 hm^2 的园地。同时,生态保护红线内的部分有效矿权和预留矿权尚未退出,这些人类活动对生态系统保护的效果产生了负面影响,可能会进一步加剧水土流失、石漠化和生物多样性退化等问题。

贵州省土地资源稀缺，坡耕地占比高。根据第三次全国国土调查数据可知，贵州省耕地面积为 347.26 万 hm^2，其中坡度在 25°以上的陡坡耕地面积达到 58.47 万 hm^2，15°～25°坡地耕地面积为 95.53 万 hm^2。全省约 26%的耕地位于不适宜种植的区域，加之水资源时空分布不均，工程性缺水问题突出，严重影响了耕地资源的利用效率。这种土地资源与水资源的不匹配给农业生产和生态保护带来了巨大挑战。

生态廊道局部面临断裂和侵占。据统计，贵州省内共有 126 个生态源地，总面积约为 109.00 万 hm^2；陆域生态廊道总长 147 条，面积约为 20.24 万 hm^2，形成了网状生态系统。水域生态源地面积约 5.80 万 hm^2，水域生态廊道总长度约为 5049.8 km，总面积约 9.52 万 hm^2。然而，随着城镇化的发展和人类活动的加剧，许多生态廊道出现了破碎和断裂，尤其是在生态、农业和城镇空间的过渡地带。这一现象显著影响了陆域生态廊道的连通性和通畅性。此外，水域生态廊道也面临着水环境的安全问题，这些问题严重削弱了整个生态网络的完整性。

生物多样性面临易受损的局面。城镇化的扩展、基础设施的建设以及工农业生产活动的增加，挤压并占用了大量生物栖息地，导致生态廊道被破坏，加剧了生物多样性的受损。同时，气候变化、环境污染等因素也对贵州省的生物资源和自然生态系统产生了负面影响。虽然近年来贵州省加强了对于自然保护区的建设，使得一些物种栖息环境得到了保护，种群数量和密度有所提升，但外来物种入侵、生物遗传资源获取与惠益分享等问题仍然对生物多样性构成威胁。

矿山地质环境问题仍然严峻。贵州的矿山开发导致了多重环境问题，包括矿山地质灾害、地形景观破坏、矿区土地资源损毁以及区域地下水位下降等。这些问题进一步加剧了石漠化、水土流失和植被退化等生态问题。根据《贵州省历史遗留矿山地质环境评估报告》提供的数据可知，贵州省因历史遗留的矿山问题造成的土地压占和破坏面积达到 144.78 km^2，尽管近年来矿山生态修复工作有所推进，但仍有超过 50.00 km^2的矿区未得到治理，地质环境问题依然严峻。

石漠化和水土流失面积依然较大。贵州省的石漠化面积在全国各省（区、市）中依然名列前茅，防治任务十分艰巨。目前，全省石漠化面积达到 247.00 万 hm^2，其中极重度石漠化面积为 2.53 万 hm^2，重度石漠化面积为 25.64 万 hm^2，中度石漠化面积为 125.41 万 hm^2，轻度石漠化面积为 93.42 万 hm^2。石漠化主要集中在贵州中西部的岩溶地貌区域，而东部和北部地区则多为轻度和中度石漠化。此外，贵州的水土流失问题同样严峻，全省水土流失总面积达 470.00 万 hm^2，其中强烈以上等级的水土流失面积为 85.00 万 hm^2，中、轻度水土流失面积为 385.00 万 hm^2。水土流失主要集中在陡坡耕地、荒山荒坡、低覆盖林地等地类，尤其是在西北部和东北部地区尤为严重。

总的来说，贵州面临的主要生态问题既有资源稀缺和利用不当引发的矛盾，也有由于自然条件和人为活动造成的生态破坏。这些问题相互交织，增加了生态保护与恢复工作的复杂性。有效解决这些问题不仅需要政府层面的政策引导和资金支持，还需要在科学治理的基础上，通过统筹规划、综合施策的方式，逐步实现贵州的生态修复与可持续发展。

(3)贵州省山水工程实施情况

贵州省山水工程的实施在近年来取得了显著进展，特别是在乌蒙山区和武陵山区的生态保护修复工作中取得了重要突破。2018 年，贵州省启动了乌蒙山区山水林田湖草生态修复试点工程，这一项目被纳入国家“十三五”第三批工程试点，并以毕节试验区为核心，围绕“一湖、一山、一河”(高原喀斯特湖泊草海、乌江源矿山生态环境、赤水河)三大生态保护修复单元展开。工程涵盖了矿山修复、水环境治理、山林保护、湖泊修复和草地生态重建五大类工程,共计 79 个子项目。截至 2018 年底,工程取得了显著成果,包括复垦土地 2.05 万亩、恢复林地 2.80 万亩、新增草地 5.00 万亩、退耕还湿 4.20 万亩。此外,还完成了长江经济带乌江、赤水河两岸 10 km 范围内的废弃露天矿山生态修复,总治理面积达 1.25 万亩。这些努力有效提升了当地生态系统的稳定性,并为未来的生态保护和可持续发展打下了坚实基础。在政策支持方面,贵州省还出台了一系列文件,以推动生态修复的长效机制。例如,通过《矿山生态修复实施办法》和《国土空间生态修复专项资金管理办法》等政策,明确了利用市场化手段推进矿山生态修复的措施,并加快了绿色矿山建设进程。此外,贵州省还搭建了矿山地质环境恢复治理监管平台,进一步加强了矿山生态恢复的监控和管理。土地整治也是贵州省山水工程的重要组成部分。通过乌蒙山区域“兴地惠民”土地整治重大工程,提出了“坝区保口粮,缓坡聚特色,陡坡建生态”的模式。这一模式不仅符合“两山理论”的基本原则,还为贵州省的土地资源优化利用提供了创新思路,推动了土地整治与生态修复的结合。这一系列项目不仅涵盖了对自然生态系统的修复和治理,还反映了贵州省在生态修复方面的系统性和综合性努力。

2021 年,贵州省启动了武陵山区山水林田湖草(沙)一体化保护和修复工程。这一工程包括梵净山生物多样性保护、沅江流域生态环境综合整治、乌江干流水土保持及石漠化治理、芙蓉江流域水土保持修复、洪渡河流域石漠化及水土保持修复五个生态单元。经过近三年的实施,工程已基本进入尾声,总投资达到 51.74 亿元,完成修复面积共 81.50 万余亩。项目实施后,区域内森林覆盖率将提升至 63.00%,土壤流失量预计年均减少 30 万 t,废弃矿山的修复率达到 100.00%,中度以上石漠化的治理率达到 15.49%,耕地质量得到显著提升,生物多样性保护也取得了重要进展。武陵山区的生态修复项目不仅改善了区域的生态环境,还促进了生物多样性保护。贵州省正在积极探索“生物多样性+环境保护”的武陵山模式,将生态修复与生物多样性保护有机结合,形成了良性循环。通过这些项目的实施,武陵山区的生态系统连通性得到了恢复,生物栖息地的保护力度显著加强,生态系统服务功能得到了进一步提升。

除了具体的项目实施,贵州省还从制度层面进一步推动山水工程的发展。早在 2020 年,贵州省根据自然资源部、财政部和生态环境部联合发布的通知,贯彻了《山水林田湖草生态保护修复工程指南(试行)》(以下简称《指南》)的相关要求。《指南》明确了生态保护修复的五项原则,包括生态优先、自然恢复为主、统筹规划、问题导向和综合效益。这些原则为贵州省山水工程的实施提供了科学依据和操作框架。在技术层面,山水工程一般划分为四个阶段:工程规划、工程设计、工程实施以及管理维护。工程规划阶段着眼于区域或流域(Landscape Scale)的宏观问题,确定总体保护目标和修复单元布局;设计阶段则侧重于生态系统尺度(Ecosystem Scale)下的各保护修复单元生态问题进行诊断;实施阶段则主要落实场地尺度(Site Scale)具体的子项目修复工作;管理维护和监测评估则贯穿整个工程周期,确保生态修复效果的可持续性。2022 年,贵州省自然资源厅发布了《贵州省国土空间生态修复规划(2021—2035 年)》(以下简称《规划》),进一步明确了全省生态修复的长远目标和重点任务。《规划》提出了“十大生态修复工程”,并构建了“一源一城、两带两区”的生态保护修复新格局。这一《规划》不仅打破了行政区域的界限,还将生态修复、农业发展和城镇建设功能空间有机结合,推动了全省生态治理的系统性发展。贵州省山水工程实施框架如图 7.1 所示。

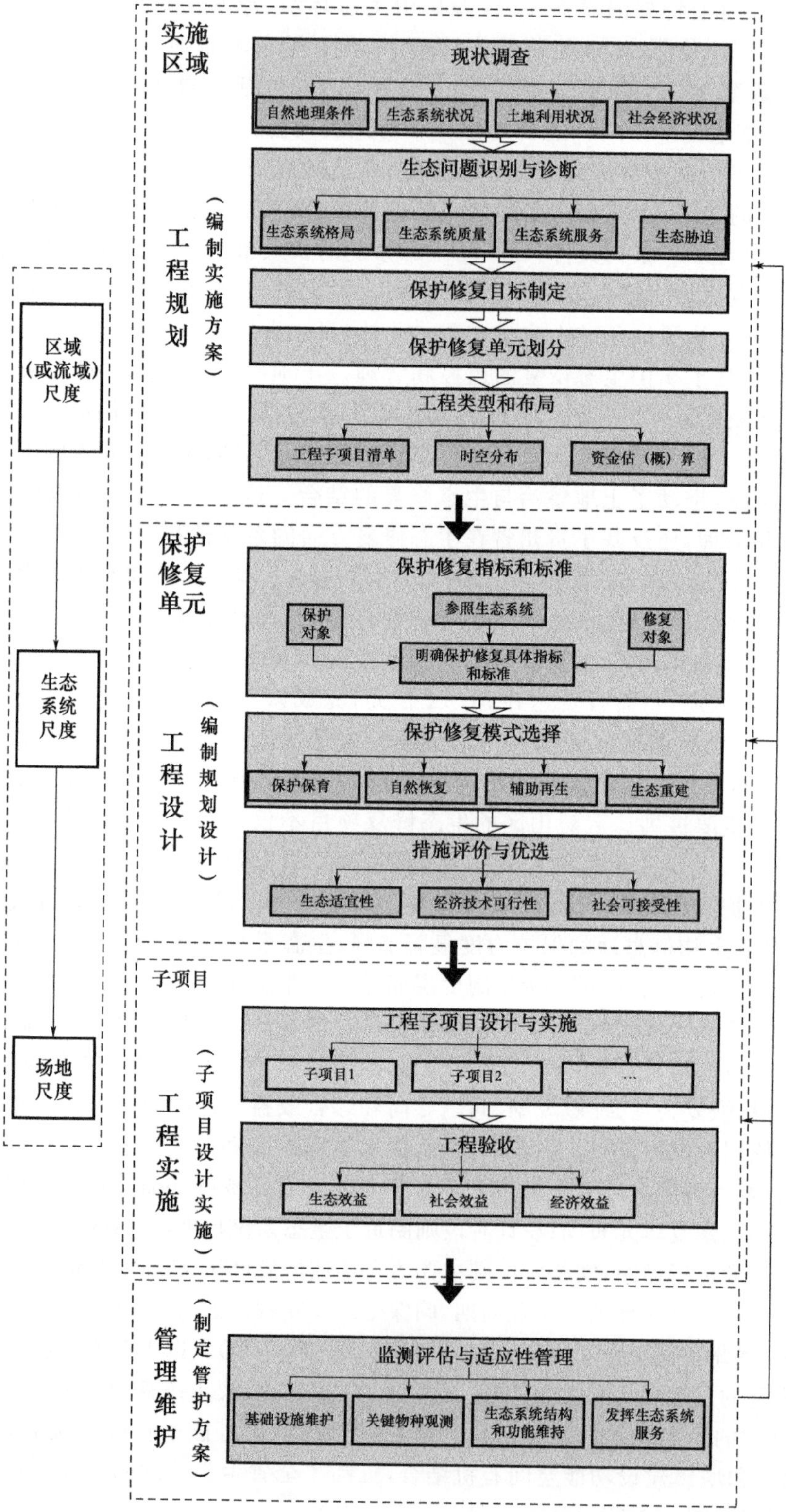

图 7.1　贵州省山水工程实施框架

7.3 红枫湖流域的山水治理措施建议

在治理红枫湖流域山水林田湖草生命共同体时,关键是要认识到各个生态子系统之间相互联系、相互制约的特性。因此,治理过程中必须避免"头痛医头,脚痛医脚"的局部处理方式,应该统筹规划,综合治理。从宏观层面上,要建立系统的、全局性的生态管理策略,结合各子系统的健康状况及面临的突出问题,有针对性地采取适宜的技术和措施。下面就红枫湖流域的山、水、林、田、湖、草等各子系统分别提出相应的治理建议。

7.3.1 山子系统治理建议

山体作为整个流域生命共同体的基础,直接决定了其他子系统的空间格局和生态健康。因此,红枫湖流域的山体治理应优先考虑保持山体轮廓的完整性,尤其是生态廊道的连通性,以维持生态系统的稳定性。

① 城市规划与控制开发速度。根据流域内人口承载力和生态环境承载能力,制定科学合理的城市发展规划。对于如花溪区、观山湖区等新开发区,要控制土地城镇化推进的速度,避免过度开发带来的生态压力。同时,应有序推进清镇市和平坝区的卫星城镇建设,分散贵阳市主城区的部分功能,缓解主城区的土地利用压力。

② 保护农田资源。严格管控城镇建设对优质农田的侵占行为,特别是在耕地资源相对集中的地区,如清镇市和平坝区,保护基本农田,确保区域粮食自给能力。

③ 加强植树造林与城市绿化。要重视流域内植树造林,特别是在湖库周边地区,如清镇市、平坝区等地,应优先保护原生生态林。同时,进一步提高老城区如云岩区和南明区的绿化覆盖率,提升人居环境质量。

④ 预防土地景观破碎化。严控新开发区工业化和城镇化建设过程中导致的耕地、林地和草地的破碎化发展趋势,通过加强生态景观的连通性,增强土地利用系统的整体稳定性。

7.3.2 水子系统治理建议

水资源是红枫湖流域的重要生态要素,直接影响区域内农业、工业和居民生活的水资源供给及水环境的质量。

① 水资源高效利用与工程规划。红枫湖流域位于亚热带季风气候区,水资源相对丰富,从量上看,已修建黔中水利枢纽工程,基本能保障梁上用水需要,中远期还有普定夜郎湖、夹岩大型水利枢纽工程的水量调配,因此,一般年份除极端天气气候外并不缺水。然而,该区喀斯特发育典型,地表水渗漏严重,部分分散村落居民和耕地存在季节性"工程性"缺水问题,需要通过合理规划与布局,建设(或完善、修复)一些中小微型水利工程,结合水资源高效利用技术的推广应用,改善水子系统的赋存状态及供需水保障程度。

② 提高水质管理水平。针对红枫湖流域内河流沿岸企业的废水排放问题,必须实施技改并优化产品结构,确保废水达标排放。同时,采取综合措施控制库区沿岸的农业面源污染。

③ 小流域治理。通过科学规划流域内的生产力分布和产业结构,以小流域为单位控制污染物输出,逐步实现污染物排放达标,减少对水环境的压力。

7.3.3 林草子系统治理建议

林草子系统对水土保持、碳汇功能以及水质净化等方面具有重要作用。

① 提升林草生态服务功能。应加强林草生态子系统服务功能提升技术体系研究和应用，尤其是水源涵养、固碳及水质净化功能的提升，培育和改良有利于石漠化地区水土保持的优质植物品种，如根系发达、地表依附能力较强的藤本植物等。

② 加强水土流失治理。红枫湖、百花湖等饮用水源地周边由于建设工程的进行，可能引发水土流失，相关建设单位需严格按照工程建设过程中的水土流失防治标准，做好预防和治理工作。同时，监督部门应进一步完善监督体系并强化监管力度。

③ 推进退耕还林还草工程。进一步推进退耕还林还草工程，发挥林地和草地的水土保持功能，同时加快高标准农田建设，重点推进清镇市、平坝区等坡耕地集中地区坡改梯工程建设，减轻农业生产过程中的水土流失问题。

7.3.4 田子系统治理建议

农业用地作为红枫湖流域的重要子系统，必须科学管理，以减少面源污染，保持土地的可持续利用。

① 加强耕地边界的监测与保护。严格保护耕地，防止其被非农业用途侵占，同时推进高标准农田建设，提高土地生产力。

② 推广绿色农业技术。广泛使用绿色农药和绿色化肥，减少农业面源污染，特别是在流域的坡耕地地区，可以鼓励农业经济作物的种植，减少对传统农业活动的依赖，从而减轻对水源的影响。

③ 饮用水源地保护区内的农业结构调整。作为贵阳—贵安新区主要饮用水源，控制、监督保护区内的耕地使用情况，特别是第一层山脊的坡耕地尽量转型利用(不改变农用地性质)，如将传统粮油种植的坡耕地改为种植农业经济作物，尽量实行免耕制等。

7.3.5 湖库子系统治理建议

红枫湖、百花湖及阿哈水库作为整个流域的核心水体系统，具有重要的调节气候、蓄水保灌、提供水产品等多重功能。

① 功能定位调整与生态红线划定。结合强省会城市和贵安新区做大做强的要求，适时调控红枫湖的功能定位，科学论证其功能调整的科学性，依托 GIS 空间分析等方法科学精准划定红枫湖饮用水源地的生态保护红线。生态保护红线范围内，禁止一切农业生产及旅游开发等活动，生态保护红线外的地区可适度开发旅游业，并主要发展资源环境成本较低的康养旅游、生态旅游、低碳旅游等，以协调水环境保护与旅游开发间的矛盾。

② 废水、废气和垃圾处理。加强对水源地周边村庄的生活废水、废气以及生活垃圾的处理，防止对湖库水质的二次污染。同时，定期清理湖库周边非法活动，如垂钓产生的垃圾，确保水体环境的清洁。

③ 生态补偿机制。划定生态保护红线后，可能会影响湖库周边居民的利益，加剧人地矛盾及当地居民对水源地保护的抵触情绪。因此，要逐步健全相应的补偿机制，缓解人地矛盾，让湖库周边居民成为水源地保护的受益者而非利益受损者，引导湖库周边居民主动参与水源

地生态环境保护，提高环境保护的主体意识，推动红枫湖地区水生态环境保护及土地利用系统健康发展。

7.3.6　景子系统治理建议

景观是红枫湖流域的生态价值和经济价值的重要组成部分，既是生态系统的一部分，也对流域的旅游发展起到了重要的支撑作用。

① 自然封育与人工修复相结合。对流域内的水源林采取自然封育为主，并在沿交通线、滨岸带、湖中岛、眼光所及第一层山脊通过人工诱导等人工技术补种补植一些地方性景观林，保持生态系统的稳定性和美观性。

② 加强景观廊道建设。保持生态景观的连通性，严控林地转型为建设用地，防止景观破碎化。

③ 城乡景观协调发展。在城乡聚落布局方面，因山就势，建筑风貌应与当地自然景观协调一致，提升整体景观的美学价值。

7.3.7　人(城)子系统治理建议

人类活动是红枫湖流域的重要组成部分，城镇化与工业化的发展对生态系统的影响不容忽视。

① 优化产业结构。加快推进观山湖区的大数据产业等高技术产业基地建设，并带动周边地区传统产业的转型升级，推动区域内产业结构优化，促进经济的高质量发展。

② 发展生态农业。因地制宜发展山地高效农业，推广耐旱耐贫瘠的喀斯特高原经济作物(如香料、药材等)种植，并将平坝区和清镇市打造为生态农业示范区，推进农业现代化和产业化建设，提高农产品商品化率，促进区域农业高质量发展。

③ 改善人居环境。推进湖库周边乡村人居环境的整治与改善，确保生活污染的处理达到国家饮用水源保护标准。

第8章　研究展望

党的十八大以来，习近平总书记多次提出“山水林田湖草是一个生命共同体”的重要观点和科学论断。作为对“人与自然生态空间”开发与利用关系的基础性认知，山水林田湖草（沙）生命共同体理念将对国土空间治理产生长期深刻影响。在中国将生态文明建设写入党章，生态文明制度体系逐步建立的背景下，迎来了一系列解构、重组国土空间治理体系的政策出台。随着自然资源部机构改革和国土空间运行规则体系的重构，构建山水林田湖草（沙）生命共同体，对于中国自然资源的开发保护与利用具有重要的转折意义。

山水林田湖草（沙）概念的发展经历了基础探索期、快速发展期、多元繁荣期。这一过程伴随着国土空间治理体系的重构反思、系统调整、顶层设计，并推动了相关政策、统筹管理项目的实施。但如何从科学理论、研究范式及实践应用的客观需求出发，理解好、研究好、应用好山水林田湖草（沙）生命共同体，仍面临着一定的挑战。因此，未来一段时期内，山水林田湖草（沙）系统修复治理工作要在全面了解山水林田湖草（沙）生命共同体系统性、整体性、功能性特征的前提下，进一步加强基础研究和应用技术研究及示范作用。

8.1　基础理论研究展望

8.1.1　各要素的耦合性研究

山水林田湖草（沙）各要素构成了一个有机的统一体，彼此相互作用、紧密联系。山是流域河流和降水径流的主要源头，水是人类生存和发展的基本资源。森林不仅可以涵养水源、调节河川径流，还能有效防止水土流失，保护土地资源的稳定性；农田则通过深耕深松土壤，为水资源的蓄积提供了重要的储存空间。湖泊作为调蓄洪水的主要空间，起到了调节水量、缓冲水流的作用，而草地则是陆地生态系统的先锋植被，能够在恶劣的环境中生长，起到了防止土壤侵蚀、稳定生态环境的作用。沙地承担着防风固沙、维持生物多样性、参与物质循环等功能。

森林、农田、湖泊等各类生态系统为人类社会提供了不可或缺的生态服务功能，因此，深入探讨这六大自然要素之间的耦合关系，不仅能够丰富对流域生态系统的理解，还对未来生态修复与可持续发展具有重要指导意义。随着全球环境问题的复杂化，理清这些要素之间的相互依存、互动机制将是未来生态研究的关键领域。

在未来的研究展望中，需加强对各要素之间关联性的定量化分析，尤其是对这些要素之间的反馈机制及其相互影响的程度进行系统性研究。通过解构山水林田湖草（沙）各要素间的耦合关系，可以深入理解其时空结构的变化规律，进一步揭示各子系统在流域生态系统中的关联过程机制。尽管目前已有一些针对单一生态要素的研究，但整体系统层面的耦合机理仍然存在不足，尤其是在生态系统结构的时空分异、各子系统之间的关联过程等方面仍需深入探索。

未来的研究应着重于量化耦合关系，利用遥感监测、模型模拟等多学科交叉手段，对山水林田湖草(沙)各要素的时空变化及其生态效应进行全面的分析和评估，以便更准确地揭示这些自然要素之间的相互影响和依存关系(萨娜 等，2023)。这将有助于为生态系统的综合管理提供理论依据，并为全球气候变化背景下的生态修复与可持续发展策略提供重要的科学参考。

8.1.2　边界效应以及承载力研究

山水林田湖草(沙)各要素之间的相互作用和影响，直接决定了生态系统内能量和物质的流动，而这些流动在不同生态系统的边界处往往会表现出明显的边界效应。例如，在干草原与森林的交界区域，特定昆虫物种的丰富度会随着距离干草原与森林边界的增加而增加，同时，森林物种也有向草原“溢出”的趋势，从而影响相邻栖息地的生物多样性(Lacasella et al.，2015)。这种边界效应不仅存在于生物多样性方面，还体现在物质和能量的跨系统传递上，影响着整个生态系统的稳定性和功能。因此，科学划分山水林田湖草(沙)的系统类型、明确其边界及功能区划，成为当前生态系统管理与研究的关键问题之一。通过识别生命共同体系统内部及山水林田湖草(沙)各子系统之间的物质和能量交换过程，可以揭示生态系统内部的动态平衡及其与外界人类活动的互馈响应机制。这不仅有助于理解生态系统的弹性与阈值，还能够帮助预测生态系统在不同干扰下的变化趋势，从而为生态保护和修复提供科学依据。

要素之间的耦合关系直接影响着系统的承载力。承载力是指生态系统在不损害其结构与功能的前提下，所能支持的资源利用强度或生物多样性水平。随着土地利用的变化，生态要素如水域、林地、草地的水资源服务供应也随之变化，直接影响其承载力和生态安全(Luo et al.，2021)。因此，承载力研究对于评估山水林田湖草(沙)生命共同体在典型地区的可持续性至关重要。未来的研究展望应着重于通过承载力进行评估，明确山水林田湖草(沙)生命共同体在变化环境下的可承载性。尤其是在土地利用变化和气候变化加剧的背景下，开展承载力的动态监测和情景模拟研究显得尤为重要。这类研究不仅能够帮助预测未来生态系统的变化趋势，还能为决策者提供科学预警，制定相应的应对措施。通过研究，可以推动山水林田湖草(沙)系统的健康发展，确保其为人类提供长期的生态服务功能，从而实现生态环境、经济发展与社会进步的平衡和谐。

8.1.3　多尺度、多地域研究

山水林田湖草(沙)系统的研究需要在多尺度、多地域的背景下展开，以全面揭示其协同演化规律。首先，尺度问题可以从时间、空间和观测等方面进行分类。在时间尺度上，研究应关注生态系统的动态演化过程，探讨各要素在不同历史阶段和未来情景中的变化趋势。在空间尺度上，需要考虑不同空间单元的异质性，通过多层嵌套的视角分析各自然要素的分布特点和相互影响。其次，观测尺度则涉及未来研究中所使用的基本研究单元尺度，即如何科学选择适当的尺度来进行生态系统的观测与分析。这三种尺度的结合能够帮助我们更好地理解山水林田湖草(沙)系统的演化机制及其在不同层次下的表现。

在多尺度的研究框架下，分析山水林田湖草(沙)要素的协同演化规律尤为重要。不同尺度下的自然系统存在着复杂的相互联系，而通过尺度效应的研究可以明确这些自然系统间的内在联系和外部驱动因素。尤其是要关注自然系统与社会系统之间的交互耦合关系，例如，生态系统服务如何影响经济社会发展；反之，社会活动如何反馈影响生态系统的健康。通过研究多系统间的反馈机制，我们可以推动在共同体要素互动、相互治理以及生态补偿等方面的进一步研究(赵金羽 等,2023),这将为生态保护与可持续发展提供更加科学的决策依据。

同时,不同地域环境背景下的山水林田湖草(沙)系统也呈现出显著的差异性。因此,在未来的研究中,必须充分重视这些地域差异,探索不同生态区域中的山水林田湖草(沙)协同演化规律。由于不同区域的自然地理条件、社会经济背景以及生态系统特征各异,生态要素的相互作用和协同效应也会表现出不同的模式和特点。因此,通过增加跨地域的实例研究,能够帮助我们揭示不同地域中山水林田湖草(沙)系统的独特性和普遍规律,进一步丰富相关理论研究。

未来的研究展望应在多尺度、多地域的基础上,综合考虑时空变异性与地域差异性,推动山水林田湖草(沙)要素的协同演化研究。同时,应通过多学科交叉的研究方法,从生态学、地理学、经济学等不同角度全面解析生态系统的复杂性与多样性。这将为全球生态系统健康与可持续发展提供新的理论支撑和实践路径,有助于实现山水林田湖草(沙)系统的综合治理与长远发展。

8.1.4 退化路径研究,识别各子系统相互作用关键节点

山水林田湖草(沙)·人(城)生命共同体是一个通过物质循环、能量流动和信息传递紧密相连的综合生态系统,各要素之间相互依存,共同维护生态系统的稳定性。然而,当某一单要素出现退化时,往往会影响到其他要素,进而导致整个系统的功能失衡。Wang 等(2020)的研究表明,单因子的退化通常与其他要素紧密相关,因此,研究山水林田湖草(沙)系统的退化路径,识别其中的关键节点,是生态修复的重要一步。

首先,在分析现有生态问题时,需全面考虑山水林田湖草(沙)各要素的相互作用,揭示导致退化的根本原因。例如,水资源的退化可能直接影响植被生长,而植被退化又可能进一步加剧水土流失。因此,生态系统的退化路径常常是多要素共同作用的结果。在确定各要素间的协同机制后,可以识别系统中那些引发退化的关键节点。这些关键节点的识别,有助于精准定位需要重点人为干预的治理环节,从而为生态修复提供科学依据。

其次,修复路径的选择不仅要基于对退化原因的分析,还应充分考虑各要素之间的反馈机制。在生态系统中,适度的人为干预可以在必要时引导自然恢复进程,但长期的生态健康仍需依赖自然自愈能力。因此,未来的研究应重点关注如何通过最小人为干预活动,激发生态系统的自我修复能力。自然恢复应成为生态修复的核心手段,而人工干预则应作为辅助,尤其是在某些系统自愈能力不足或退化程度过于严重的情况下。

为了实现这一目标,亟须进一步加深对山水林田湖草(沙)退化路径的研究,特别是在退化路径关键节点的识别和分析方面。通过深入挖掘关键节点,揭示系统退化的核心驱动因素,并为未来的生态修复和管理提供精准的干预措施。总体而言,未来的研究应建立在深厚的理论基础上,结合生态学、地理学和环境科学等多学科的知识体系,推动系统性、长效性和可持续的生态修复工作。

8.1.5 与社会发展的共生、系统性理论研究

在流域背景下加强山水林田湖草(沙)生命共同体的研究,需要以共生理论和系统论作为理论支撑。这两大理论为理解和解决生态系统与社会发展之间的复杂关系提供了关键视角。在生态恢复过程中,必须深入探索生态恢复与重构的内在机制,遵循系统优化、和谐共生的生态学基本原理,科学处理全体与部分、人与自然以及生态保护与经济社会发展的协同可持续

关系。

共生理论强调自然系统与社会系统之间的相互依存和协调发展。它提醒我们，生态系统的各个要素（山、水、林、田、湖、草、沙等）不仅在物质、能量和信息的流动中彼此交织，还与人类社会的生存和发展息息相关。通过运用共生理论，可以更好地理解人与自然的关系，推动社会在实现经济发展目标的同时，也保障生态系统的健康和稳定。坚持共生理论，可以实现生态效益、经济效益和社会效益的有机统一，为生态系统与社会的可持续发展提供理论依据。

与此同时，系统性理论则为山水林田湖草（沙）系统提供了整体性的研究框架。系统性理论认为，各生态要素与社会要素共同构成了一个有机整体，整体系统的功能和表现往往大于单个要素的简单相加。通过系统性理论的视角，我们能够更深入地理解生态系统内部以及生态系统与社会系统之间的复杂交互作用，明确每个要素在整体系统中的角色和贡献。系统性理论能够帮助我们在空间优化与生态系统重构时，综合考虑各要素的空间布局、功能关系以及长期演化趋势，进而为区域生态系统管理和规划提供科学依据。

基于共生理论和系统性理论，未来的研究应重点探讨如何通过空间优化和系统重构，进一步加强山水林田湖草（沙）系统与社会发展的相互融合。特别是在流域治理和生态恢复中，需要平衡各个自然要素的功能，增强系统的整体稳定性与适应性，实现人与自然的和谐共生。这种理论框架不仅有助于区域生态系统的优化布局，还能为生态与经济的协调发展提供强有力的支撑，确保生态、社会、经济三者的长久可持续性。

8.2　应用技术展望

8.2.1　统筹治理方式研究

在未来的山水林田湖草（沙）统筹治理研究中，首先需要明确不同地域、不同类型的山水林田湖草（沙）生命共同体健康面临的核心问题及关键胁迫因子。各个地区的自然条件、生态脆弱性和社会经济需求存在显著差异，导致生命共同体的生态短板和胁迫因素也各不相同。因此，应根据实际情况制定多目标的优先治理顺序，确定治理的主要内容和具体工程任务，并科学规划空间布局。例如，在对中国科尔沁沙地的研究中，沙地的恢复治理应关注森林、农田、草地与水资源的协调，确保系统的生态服务功能，应用生态系统服务理论、景观生态学等多学科理论进行恢复（Liu et al.，2022）。在提升生态系统服务功能方面，应找到有效的切入点或突破口，明确生态系统中优先修复或管理的区域，如森林、水域或农田等，靶向性实施生态修复工程。

此外，研究并提出了适用于生命共同体及其各个子系统的技术方案和治理模式，也至关重要。在林草子系统治理中，可以通过抗逆性林草品种的多性状育种与物种多样性配置技术，增强植被的抗逆性和恢复力；在应对重大自然灾害方面，应开发绿色防控技术，降低灾害对生态系统的破坏风险；针对土壤退化与污染问题，功能型微生物开发和土壤修复技术是有效的解决途径，能够改善土壤健康，提升生态系统的自我修复能力。

通过这些适应性技术和治理模式的实施，可以实现对山水林田湖草（沙）生命共同体的多层次保护和修复，增强其应对生态胁迫的能力。同时，治理方式的优化和创新将推动区域生态系统服务功能的全面提升，实现生态效益、经济效益和社会效益的高度统一，确保生态环境的可持续发展。

8.2.2 基于基础理论设置各层级空间规划结构目标

将山水林田湖草(沙)多层级耦合基础理论与空间规划顶层设计相结合，从多层级角度统筹考虑全国和区域的生态、社会、经济的多目标定位，在“格局优化、系统稳定、功能提升”的生态保护与修复目标前提下优化空间规划结构目标(王波 等，2018；邹长新 等，2018)。

首先，在国家层面，应结合典型地域的自然条件和生态脆弱性，科学编制山水林田湖草(沙)生命共同体的综合治理与修复规划，明确针对不同尺度、不同地域和不同类型生态系统环境的保护目标及功能定位。这一规划需要综合考虑各地的地质、气候、水文、生态特征等因素，确保生态系统功能的全面恢复与优化。

其次，地区层面的建设发展与生态文明建设之间的协调度仍存在不足，人与自然的和谐共生局面尚未完全形成。因此，在生态功能较为薄弱或生态压力较大的重点区域，特别是具有典型代表性的区域，有必要开展山水林田湖草(沙)生命共同体系统治理、修复与健康管理的试验示范项目。通过这些示范区的建设，可以验证和优化不同地区的综合治理模式，进而为全国范围内的生态修复与空间规划提供科学依据和技术支持。

这一规划结构不仅要关注生态系统的恢复与保护，更要注重区域发展与生态文明建设的平衡，探索自然生态与经济社会共赢的长效机制。通过分层次、多维度的空间规划，能够实现山水林田湖草(沙)生命共同体的系统治理，最终为全国的生态保护和可持续发展提供有力的保障与推动力。这种结构性的规划将有助于提升区域生态系统的稳定性与韧性，同时促进生态系统服务功能的优化，为生态文明建设奠定坚实基础。

8.2.3 建立评估和监测机制

随着山水工程的推进，建立科学的评估和监测机制已成为当务之急。当前亟须完善工程成效评估体系以及山水林田湖草(沙)的健康监测体系，以便及时掌握治理措施带来的生态健康变化，调整治理方案，并为后续的基础理论研究提供多层次的监测数据支撑。

首先，建立成效评估体系。科学测定山水林田湖草(沙)系统修复的成效，是保障生态修复工程可持续性的重要手段。不同区域的生态系统特征存在显著差异，因此，在总结经验时，应根据不同地域和类型区，提出具有代表性的治理范式。通过对这些治理模式的效果进行评估，进一步验证其在推广中的适应性与可行性。在评估过程中，可以从“布局优化、系统稳定、功能提升”三个关键方面筛选评估指标和方法，确保评估体系的全面性与科学性。通过构建山水林田湖草(沙)系统保护修复成效评估技术体系，能够明确生态修复的具体成果，为政策调整和后续治理工作提供可靠依据。

其次，构建健康监测体系。在重点区域内，建立基于山水林田湖草(沙)的生态系统健康演变监测体系而言至关重要。该体系需要与预测预警及管理系统相结合，动态监测系统的健康变化。通过对生态系统的长期监测，能够预见生态系统的潜在风险，确保在问题出现之前采取有效应对措施。然而，目前尚未形成一体化的监测体系，缺乏足够的长期数据支撑(杨菁 等，2022)。为此，必须构建多源信息数据库，推进定量化耦合机制研究。多源信息数据库是开展定量研究的基础，自然生态系统的数据(如观测数据、遥感数据、模型模拟数据)和社会经济系统的数据(如统计数据)在时空尺度和数据格式等方面存在差异。因此，为更好地整合这些数据，可以采用空间化、同化和数据衍生技术，将不同类型的数据集成到统一的数据库中。此外，随着高性能计算技术的进步，不同模型之间的连接也变得更加可能，从而提升耦合模型的模拟能力，推动耦合机制的定量化研究。

最后，开展全生命周期监测与评估。由于生态系统演替过程的复杂性，在不同的修复措施影响下，生态系统可能表现出正向或逆向的演替变化。对山水林田湖草（沙）生命共同体进行多尺度监测，构建修复效果评价体系，能够帮助及时校正修复措施，确保修复工程的长期有效性和可持续性。此外，近年来生态系统与社会经济系统的网络分析方法在量化社会-生态系统结构、分析系统动态变化以及推动适应性治理方面展现了较大的应用潜力。作为系统论思维的实现工具，网络分析方法有望揭示山水林田湖草（沙）生态系统背后的复杂网络结构和动态变化规律，进一步促进其适应性治理。

通过建立完善的评估和监测体系，可以实现对山水林田湖草（沙）生命共同体健康变化的科学追踪和有效管理，从而为生态保护修复工程的持续优化奠定坚实基础。

8.2.4　管理机制制定

在构建和完善山水林田湖草（沙）生命共同体治理与修复的管理机制方面，需制定科学合理的制度框架，以有效应对当前存在的问题，并保障生态系统的长期健康与可持续发展。

首先，应尽快出台并完善治理修复及健康管控的原则和技术规程。当前，许多治理工程面临目标单一、治理主体权责不清、相关规划冲突以及工程衔接不畅等问题，未能系统性地处理国土空间开发与生态系统治理的协调性问题。山水林田湖草（沙）生命共同体治理需要从全生命周期的角度出发，推进“全域统筹、三生优化、系统治理”（杨胜苏 等，2021）。这意味着在制定治理方案时，不仅要考虑当前的环境问题，还要从长远发展与生态系统整体健康的角度出发，制定具有前瞻性的治理目标。

其次，完善法律法规体系和政策机制。为确保山水林田湖草（沙）生命共同体的持续管理与修复，必须制定和完善相关的法律法规和政策体制机制。这些法规应明确各主体在治理过程中的权责，提供操作性强的技术指南，确保治理和修复过程中的科学性和规范性。同时，针对不同区域的自然资源特点，制定差异化的政策体系，保障山水林田湖草（沙）系统的可持续经营。这类管理机制的完善有助于厘清自然资源资产的产权体系（张杨 等，2022），使权责更为清晰，确保各相关利益主体的责任落实，避免治理过程中出现职能重叠或责任不明的情况。

最后，探索不同目标取向下的利益均衡机制。山水林田湖草（沙）生命共同体的治理和修复涉及多个利益相关者，如政府、企业、农户等。在修复过程中，不同的利益主体往往基于不同的目标进行决策，例如基于生态系统服务功能、生态安全、绿色发展效益等。因此，亟须探索一种有效的协调机制，确保各方利益得到平衡，实现生态系统修复与各方利益的有机结合。这种利益均衡机制不仅有助于减少治理过程中的冲突，还能促进各方在生态保护和修复中的积极参与，提升整体治理的效率与效果。

综上所述，制定系统化的管理机制不仅是保障山水林田湖草（沙）生命共同体健康修复和治理成效的必要条件，也是确保其长期可持续经营与生态系统恢复的重要基础。通过构建科学合理的政策法规体系、均衡各方利益、加强监测评估，将有效推动山水林田湖草（沙）生命共同体的全面治理与修复，助力生态文明的建设和持续发展。

参考文献

白贺兰,南志标,2012. 基于 MATLAB 的灰色模型在民勤粮食产量预测中的应用[J]. 草业科学,29(7):1163-1169.

白晓永,冉晨,陈敬安,等,2023. 中国喀斯特生态系统健康诊断的方法、进展与展望[J]. 科学通报,68(19):2550-2568.

毕文君,侯吉宇,周艳莲,2023. 不同时间尺度植被近红外反射率指数与生态系统总初级生产力关系研究[J]. 遥感技术与应用,38(2):465-478.

陈福军,沈彦俊,李倩,等,2011. 中国陆地生态系统近 30 年 NPP 时空变化研究[J]. 地理科学,31(11):1409-1414.

陈杰,欧阳志云,郑华,等,2010. 淮河流域脆弱生态区生态系统特征及区划[J]. 中国人口·资源与环境,20(10):169-174.

陈圣子,周忠发,闫利会,2016. 人为干预对石漠化治理过程中生态系统健康的影响[J]. 水土保持研究,23(2):213-219.

成金华,尤喆,2019."山水林田湖草是生命共同体"原则的科学内涵与实践路径[J]. 中国人口·资源与环境,29(2):1-6.

程婧,2023. 生态文明视域下的山水林田湖草生命共同体建设——评《人与自然和谐共生:山水林田湖草生命共同体建设的理论与实践》[J]. 生态经济,39(6):230-231.

邓欧,李亦秋,杨广斌,等,2020. 贵州喀斯特石漠化防治的国家重点生态功能区生态系统健康度评价[J]. 中国岩溶,39(5):689-696.

段宝玲,冯强,刘德军,等,2016. 基于灰色 GM(1,1)模型的城市人口规模预测——以大同市为例[J]. 山西农业大学学报(自然科学版),36(1):35-38,76.

费肯马克,诺克斯托姆,2006. 人与自然和谐的水需求:生态水文学新途径[M]. 任立良,译. 北京:中国水利水电出版社.

冯地宽,2022. 贵州省武陵山区山水林田湖草沙生态修复理论浅析——以芙蓉江流域为例[J]. 地下水,44(6):232-234.

冯志泽,1996. 自然灾害等级划分及灾害分级管理研究[J]. 灾害学(1):34-37.

傅伯杰,2020. 构建统一的自然资源调查监测体系支撑"山水林田湖草沙"统一管理与系统治理[J]. 青海国土经略,104(6):26-27.

傅伯杰,刘世梁,马克明,2001. 生态系统综合评价的内容与方法[J]. 生态学报,21(11):1885-1892.

高玄彧,1995. 地貌基本形态的位差分类法[J]. 山西师大学报(自然科学版),7(2):46-53.

耿海清,2022. 生态环境分区管控体系建设探讨[J]. 环境保护,50(6):38-41.

勾啸,林泽生,李乔妹,等,2023. 基于"山水林田湖草一体化保护"的生态保护修复研究——以广州北部生态涵养区为例[J]. 林业与环境科学,39(1):65-70.

贵阳市人民政府办公厅,2019. 关于改进红枫湖饮用水源保护体制的建议 [EB/OL]. [2019-06-25]. https://www.guiyang.gov.cn/zwgk/zwgkzdlyxxgkjyta/zwgkzdlyxxgkjytarddbjywfws/zwgkzdlyxxgkjytarddbjywf-wsqs/202001/t20200115_43153351.html.

贵州省自然资源厅,2022. 贵州省国土空间生态修复规划(2021—2035 年)规划 [EB/OL]. [2022-02-16]. ht-

tp://www.guizhou.gov.cn/zwgk/zdlygk/jjgzlfz/zrzy/gtkjghgl/202205/t20220516_74076477.html
贵州省自然资源厅,2023. 从“生态疮疤”到“美颜绿镜”,贵州释放“生态能量”撬动“绿色增量”![EB/OL].[2023-12-14]. https://zrzy.guizhou.gov.cn/wzgb/xwzx/xtyw1/202312/t20231214_83348581.html.
郭雯,赵俞廷,黎宇洋,等,2020. 红枫湖营养水平及其历史演化趋势[J]. 生态学杂志,39(10):3371-3378.
国家发展改革委,2008. 国发〔2008〕24号(国家粮食安全中长期规划纲要(2008—2020年)[EB/OL].[2008-11-13]. https://www.gov.cn/jrzg/2008-11/13/content_1148414.html.
黄燕鹏,刘建宇,张策,等,2024. 贵州石漠化区基岩风化地球化学过程及生态地质效应[J]. 中国地质调查,11(4):62-71.
江成鑫,江川,霍晓芹,2021. 红枫湖水质变化趋势及环境保护政策综合分析[J]. 中国环境监测,37(3):51-57.
蒋啸,周旭,肖杨,等,2021. 面向湖泊生态系统健康维护的生态管控分区研究——以红枫湖流域为例[J]. 生态学报,41(7):2571-2581.
李春华,叶春,刘燕,等,2019. 山水林田湖草思想的理论内涵及生态保护修复实践——以广西左右江流域工程试点为例[J]. 环境工程技术学报,9(5):499-506.
李峰,秦洪超,储蓉,等,2012. 红枫湖水环境因子监测与水华防控措施探讨[J]. 贵州科学,30(5):71-73.
李国煜,曹宇,万伟华,2018. 自然生态空间用途管制分区划定研究——以平潭岛为例[J]. 中国土地科学,32(12):7-14.
李华红,张茜,2019. 贵州农村扶贫开发成效认识、理性思考与路径优化[J]. 新西部,30(Z1):63-67.
李倩,李天一,2024. 服务国家重大战略 我国“山水工程”持续稳步推进[EB/OL].[2024-08-16]. https://www.gov.cn/lianbo/bumen/202408/content_6968753.html.
李子辉,官冬杰,贺光秀,等,2023. 长江经济带山水林田湖草生命共同体健康诊断及耦合协调关系分析[J]. 重庆师范大学学报(自然科学版),40(3):61-77.
廖国华,钟晓,庞增铨,2004. 红枫湖、百花湖水污染趋势分析及控制对策[J]. 地球与环境,32(3):49-52.
刘迪,陈海,荔童,等,2022. 黄土丘陵沟壑区村域生态系统服务簇的时空分异及其地形梯度分析[J]. 地理科学进展,41(4):670-681.
刘威尔,宇振荣,2016. 山水林田湖生命共同体生态保护和修复[J]. 国土资源情报,12(10):15,37-39.
刘焱序,彭建,汪安,等,2015. 生态系统健康研究进展[J]. 生态学报,35(18):5920-5930.
刘一鸣,徐煖银,曾辉,2022. 中国东海海岸带地区生态系统健康评估及其尺度依赖性[J]. 生态学报,42(24):9913-9926.
吕思思,苏维词,赵卫权,等,2019. 山水林田湖生命共同体健康评价:以红枫湖区域为例[J]. 长江流域资源与环境,28(8):1987-1997.
马伟波,顾羊羊,周伟坚,等,2020. 基于水系控制单元的山水林田湖草生态保护修复实践——以尤溪流域为例[J]. 环境生态学,2(Z1):8-13,18.
闵敏,段学军,邹辉,等,2019. 长江主要支流岸线资源综合评价及管控分区研究[J]. 长江流域资源与环境,28(11):2657-2671.
欧阳志云,王如松,2005. 区域生态规划理论与方法[M]. 北京:化学工业出版社.
秦鹏,徐燕飞,2024. 生态环境分区管控的基本逻辑、运行样态与法治进路[J]. 中国软科学,38(8):13-26.
秦志佳,兰安军,钟九生,2017. 2010年与2015年贵州省土壤侵蚀的等级变化[J]. 贵州农业科学,45(3):144-148.
萨娜,赵金羽,寇旭阳,等,2023.“山水林田湖草沙生命共同体”耦合框架、模型与展望[J]. 生态学报,43(11):4333-4343.
邵辉,2021. 西南地区极端气候变化及其与植被生长和生产力的关系[D]. 北京:中国林业科学研究院.
宋明伟,张仁陟,李宗礼,等,2007. 石羊河流域河流系统生态环境需水量概算[J]. 水土保持学报,20(5):137-141.

沙宏杰，张东，施顺杰，等，2018. 基于耦合模型和遥感技术的江苏中部海岸带生态系统健康评价[J]. 生态学报，38(19)：7102-7112.

苏维词，杨华，李晴，等，2006. 我国西南喀斯特山区土地石漠化成因及防治[J]. 土壤通报，26(3)：447-451.

苏维词，杨吉，2020. 山水林(草)田湖人生命共同体健康评价及治理对策——以长江三峡水库重庆库区为例[J]. 水土保持通报，40(5)：209-217.

谭剑波，李爱农，雷光斌，2016. 青藏高原东南缘气象要素 Anusplin 和 Cokriging 空间插值对比分析[J]. 高原气象，35(4)：875-886.

汤巧英，戚德辉，宋立旺，等，2017. 基于 GIS 和 RS 的延河流域植被覆盖度与地形因子的相关性研究[J]. 水土保持研究，24(4)：198-203.

王波，王夏晖，张笑千，2018. "山水林田湖草生命共同体"的内涵、特征与实践路径——以承德市为例[J]. 环境保护，46：60-63.

王劲峰，徐成东，2017. 地理探测器：原理与展望[J]. 地理学报，72(1)：116-134.

王力，黄妮，牛铮，等，2022. 山水林田湖草生态保护修复项目遥感监测及辅助绩效评价[J]. 遥感学报，26(8)：1547-1561.

汪攀，刘毅敏，2014. Sen's 斜率估计与 Mann-Kendall 法在设备运行趋势分析中的应用[J]. 武汉科技大学学报，37(06)：454-457，472.

王先玉，2022. 城乡融合发展背景下农地流转、劳动力转移及新型城镇化耦合关系研究[D]. 贵阳：贵州财经大学.

吴钢，赵萌，王辰星，2019. 山水林田湖草生态保护修复的理论支撑体系研究[J]. 生态学报，39(23)：8685-8691.

吴国雄，郑度，尹伟伦，等，2020. 专家笔谈：多学科融合视角下的自然资源要素综合观测体系构建[J]. 资源科学，42(10)：1839-1848.

肖媚，李启芬，杨芗，等，2020. 安顺市近 57 年四季气温和降水变化特征[J]. 气象科技进展，10(5)：30-32，41.

谢高地，张彩霞，张雷明，等，2015. 基于单位面积价值当量因子的生态系统服务价值化方法改进[J]. 自然资源学报，30(8)：1243-1254.

熊康宁，李晋，龙明忠，2012. 典型喀斯特石漠化治理区水土流失特征与关键问题[J]. 地理学报，67(7)：878-888.

徐省超，赵雪雁，宋晓谕，2021. 退耕还林(草)工程对渭河流域生态系统服务的影响[J]. 应用生态学报，32(11)：3893-3904.

许小娟，刘会玉，林振山，等，2017. 基于 CA-MARKOV 模型的江苏沿海土地利用变化情景分析[J]. 水土保持研究，24(1)：213-218，225.

闫利会，周忠发，谢雅婷，等，2018. 贵州高原石漠化敏感性与宏观地貌的空间关联分析[J]. 中国岩溶，37(3)：400-407.

杨菁，强建华，李原，等，2022. 山水林田湖草生态保护修复项目区监测方法研究[J]. 林业调查规划，47(4)：166-169.

杨胜苏，刘卫柏，2021. 基于恢复生态学的洞庭湖区"山水林田湖草"生态修复研究[J]. 生态学报，41(16)：6430-6439.

袁芳，2012. 安顺经济改革试验区发展现状、问题与对策研究[D]. 天津：天津大学.

曾华献，王敬富，李玉麟，等，2020. 贵州红枫湖近 10 年来(2009—2018 年)水质变化及影响因素[J]. 湖泊科学，32(3)：676-687.

曾凌云，汪美华，李春梅，2011. 基于 RUSLE 的贵州省红枫湖流域土壤侵蚀时空变化特征[J]. 水文地质工程地质，38(2)：113-118.

张进德，2018. 科学实施山水林田湖草生态保护与修复工程[J]. 水文地质工程地质，45(3)：3.

张浪，贺中华，杨铭珂，等，2022. 气象干旱-水文干旱传播过程特征及其影响因素——以贵州黔中水利工程区为例[J]. 水土保持学报,36(1):142-152.

张伟,李爱农,江晓波,2013. 基于DEM的中国山地空间范围定量界定[J]. 地理与地理信息科学,29(5):58-63.

张晓伦,甘淑,2014. 基于NDRI像元二分模型的石漠化信息提取研究[J]. 新技术新工艺,33(1):72-75.

张信宝,2016. 贵州石漠化治理的历程、成效、存在问题与对策建议[J]. 中国岩溶,35(5):497-502.

张杨,杨洋,江平,等,2022. 山水林田湖草生命共同体的科学认知、路径及制度体系保障[J]. 自然资源学报,37(11):3005-3018.

张耀,2019. 红枫湖水体氮、磷时空分布及影响因素分析[D]. 贵阳:贵州师范大学.

赵金羽,萨娜,付晓,等,2023. 以疏勒河流域为例的"山水林田湖草"生态修复多尺度耦合框架及方法[J]. 生态学报,43(10):3841-3854.

中国地质图书馆(中国地质调查局地学文献中心),2023. 中国地质调查年报[R]. 北京:中国地质图书馆.

周忠发,安裕伦,2000. 贵州省水土流失遥感现状调查及空间变化分析[J]. 水土保持通报(6):23-25,41.

邹长新,王燕,王文林,等. 2018. 山水林田湖草系统原理与生态保护修复研究[J]. 生态与农村环境学报,34:961-967.

ABBASZADEH T N,ZULHAIDI M S H,SARA S,et al,2022. Remotely-Sensed Ecosystem Health Assessment (RSEHA) model for assessing the changes of ecosystem health of Lake Urmia Basin[J]. International Journal of Image and Data Fusion,13(2):180-205.

ALTERMATT F,FRONHOFER E A,2018. Dispersal in dendritic networks:ecological consequences on the spatial distribution of population densities[J]. Freshwater Biology,63(1):22-32.

BENNETT E M,PETERSON G D,GORDON L J,2009. Understanding relationships among multiple ecosystem services[J]. Ecology Letters,12(12):1394-1404.

BONE C,WULDER M,WHITE J,et al,2013. A GIS-based risk rating of forest insect outbreaks using aerial overview surveys and the local Moran's I Statistic[J]. Applied Geography,40(6):161-170.

BOORI M S,CHOUDHARY K,PARINGER R,et al,2022. Spatiotemporal ecosystem health assessment comparison under the pressure-state-response framework[J]. Computer Optics,46(4):634-642.

BRUNDTLAND G H,1987. Our common future—call for action[J]. Environmental Conservation,14(4):291-294.

BÜNEMANN E K,BONGIORNO G,BAI Z,et al,2018. Soil quality—a critical review[J]. Soil Biology and Biochemistry,120(3):105-125.

CAIRNS JR J,1989. Restoring damaged ecosystems:is predisturbance condition a viable option[J]. Environmental Professional,11:152-159.

CHEN M-H,CHEN F,TANG C J,et al,2022. Integration of DPSIR framework and TOPSIS model reveals insight into the coastal zone ecosystem health[J]. Ocean & Coastal Management,226:106285.

CHOI Y,OH H J,LEE D H,et al,2023. Current utilization and further application of zooplankton indices for ecosystem health assessment of lake ecosystems[J]. Sustainability,15(14):10950.

COETZEE B W T,2017. Evaluating the ecological performance of protected areas[J]. Biodiversity and Conservation,26(1):231-236.

COSTANZA R,2012. Ecosystem health and ecological engineering[J]. Ecological Engineering,45:24-29.

COSTANZA R,NORTON B G,HASKELL B D,1992. Ecosystem Health:new Goals for Environmental Management [M]. Washington DC:Island Press.

COSTANZA R,D'ARGE R,DE GROOT R,et al,1997. The value of the world's ecosystem services and natural capital[J]. Nature,387(6630):253-260.

COSTANZA R,D'ARGE R,DE GROOT R,et al,1998. The value of the world's ecosystem services andnatural capital[J]. Ecological Economics,25(1):3-15.

DAW T M,HICKS C,BROWN K,et al,2016. Elasticity in ecosystem services:exploring the variable relationship between ecosystems and human well-being[J]. Ecology and Society,21(2):11.

DEBOURDEAU A,2016. 2. Aux origines de la pensée écologique :Ernst Haeckel,du naturalisme à la philosophie de l'Oikos[J]. Revue Française d'Histoire des Idées Politiques,44(2):33-62.

DU C,REN H,QIN Q M,et al,2015. A practical split-window algorithm for estimating land surface temperature from Landsat 8 data[J]. Remote Sensing,7(1):647-665.

FÓTI S,BARTHA S,BALOGH J,et al,2023. Fluctuations and trends in spatio-temporal patterns of plant species and diversity in a sandy pasture[J]. Journal of Vegetation Science,34:e13190.

FU B,WU X,WANG Z,et al,2022. Coupling human and natural systems for sustainability:experience from China's Loess Plateau[J]. Earth System Dynamics,13(2):795-808.

HALPERN B S,WALBRIDGE S,SELKOE K A,et al,2008. A global map of human impact on marine ecosystems[J]. science,319(5865):948-952.

HORÁK J,HOLUŠA J,NOVÁKOVÁ P,et al,2016. Agricultural landscapes with prevailing grasslands can mitigate the population densities of a tree-damaging alien species[J]. Agriculture,Ecosystems & Environment,230(8):177-183.

JENNINGS M D,REGANOLD J P,1988. Policy and reality of environmentally sensitive areas in Whitman County,Washington,USA[J]. Environmental Management,12:369-380.

JING J,LI R,ZHANG Y,WU Q,2023. Identification of priority areas for soil erosion control based on minimum administrative units and karst landforms in karst areas of Guizhou[J]. Progress in Physical Geography: Earth and Environment,47(6):892-911.

KHATUN R,DAS S,2022. Exploring ecosystem health of wetlands in Rarh tract of WestBengal through V-O-R model[J]. Ecological Informatics,72:101840.

KRAUSE S,JACOBSJ,BRONSTERT A,2007. Modelling the impacts of land-use and drainage density on the water balance of a lowland—floodplain landscape in Northeast Germany[J]. Ecological Modelling,200(3-4): 475-492.

KUZICHKIN O R,ROMANOV R V,DOROFEEV N V,et al,2020. The organisation of control over non-centralized water supply under the risk of groundwater dynamics disturbance in karst areas[J]. Journal of Water and Land Development,47(5-7):113-124.

LACASELLA F,GRATTON C,DE FELICI S,et al,2015. A symmetrical responses of forest and "beyond edge" arthropod communities across a forest—grassland ecotone[J]. Biodiversity and Conservation,24(3): 447-465.

LEE S I,2001. Developing a bivariate spatial association measure:an integration of Pearson's r and Moran's I [J]. Journal of Geographical Systems,3(4):369-385.

LEOPOLD A,1949. A Sand County Almanac[M]. New York:Ballantine.

LIU S, DONG Y, MCCONKEY K R, et al, 2023. Scientific concept and practices of life community of mountains,rivers,forests,farmlands,lakes,grasslands,and deserts in China[J]. Ambio,52(12):1939-1951.

LIU X J,WANG Y,ZHANG C Y,et al,2023. Improved method for benthic ecosystem health assessment by integrating chemical indexes into multiple biological indicator species-A case study of the Baiyangdian Lake, China[J]. Journal of Environmental Management,335:117530.

LIU Z M,YU H B,WANG H Y,2022. Principles and implementation of the integrated management of "mountain-river-forest-farmland-lake-grassland-sandland" in Horqin Sand Land,China [J]. The Journal of Applied Ecology,33(12):3441-3447.

LUO R,YANG S,ZHOU Y,et al,2021. Spatial pattern analysis of a water-related ecosystem service and evaluation of the grassland-carrying capacity of the Heihe River Basin under land use change[J]. Water, 13 (19):2658.

MCDONALD R I,DOUGLAS I,REVENGA C,et al,2011. Global urban growth and the geography of water availability,quality,and delivery[J]. Ambio,40(3):437-446.

MERCER K L,2022. More Storage[J]. Journal AWWA,114(9):1.

MITTAL M,KUMAR K,2016. Data clustering in wireless sensor network implemented on self organization feature map(SOFM) neural network [C]. Greater Noida:2016 International Conference on Computing,Communication and Automation(ICCCA).

NASSERY H R,ZEYDALINEJAD N,ALIJANI F,2021. Speculation on the resilience of karst aquifers using geophysical and GIS-based approaches(a case study of Iran)[J]. Acta Geophysica,69(6):2393-2415.

NTONA M M,BUSICO G,MASTROCICCO M,et al,2023. Coupling SWAT and DPSIR models for groundwater management in Mediterranean catchments[J]. Journal of Environmental Management,344(15):118543.

ÖZTAŞ C,ERILLI N A,2021. Contributions to Theil-Sen regression analysis parameter estimation with weighted median[J]. Alphanumeric Journal,9(2):259-268.

PENG J,YANG Y,LIU Y,et al,2018. Linking ecosystem services and circuit theory to identify ecological security patterns[J]. Science of the Total Environment,644(11):781-790.

RAPPORT D J,COSTANZA R,MCMICHAEL A J,1999. Assessing ecosystem health[J]. Trends in Ecology and Evolution,13(10):397-402.

SCHINDLER D W,2001. The cumulative effects of climate warming and other human stresses on Canadian freshwaters in the new millennium[J]. Canadian Journal of Fisheries and Aquatic Sciences,58(1):18-29.

SHA H,ZHANG D,SHI S,et al,2018. Ecosystem health assessment of coastal zone in central Jiangsu Province based on coupling model and remote sensing technology[J]. Acta Ecologica Sinica,38(19):7102-7112.

WANG P,LIU Y,2014. Application of Sens slope estimation and Mann-Kendall method in the trend analysis of equipment operation[J]. Journal of Wuhan University of Science and Technology,37(6):454-457,472.

WANG Y,REN Z,MA P,et al,2020. Effects of grassland degradation on ecological stoichiometry of soil ecosystems on the Qinghai-Tibet Plateau[J]. Science of the Total Environment,722(6):137910.

WANG Z,LIU Y,LI Y,SU Y,2022. Response of ecosystem health to land use changes and landscape patterns in the Karst Mountainous Regions of Southwest China[J]. International Journal of Environmental Research and Public Health,19(6):3273.

WATSON J E M,DUDLEY N,SEGAN D B,et al,2014. The performance and potential of protected areas[J]. Nature,515(7525):67-73.

WILKINS D A,1999. Assessing ecosystem health[J]. Trends in Ecology and Evolution,14(2):69.

WOLFRAM S, 1983. Statistical mechanics of cellular automata[J]. Reviews of Modern Physics, 55(3): 601-644.

WU J,HOBBS R J,2007. Key Topics in Landscape Ecology [M]. Cambridge:Cambridge University Press.

WU S G,TIAN C H,LI B L,et al,2022. Ecological environment health assessment of lake water ecosystem system based on simulated annealing-projection pursuit:a case study of plateau lake[J]. Sustainable Cities and Society,86:104131.

XIAO R,SU S L,WANG J Q,et al,2013. Local spatial modeling of paddy soil landscape patterns in response to urbanization across the urban agglomeration around Hangzhou Bay,China[J]. Applied Geography,39(3): 158-171.

XIE X,FANG B,LI X,et al,2021. Urban ecosystem health assessment and obstacle factor diagnosis using a comprehensive assessment model for Nanjing,China[J]. Growth and Change,52(3):1938-1954.

XIONG K, HE C, ZHANG M, et al, 2023. A new advance on the improvement of forest ecosystem functions in the karst desertification control[J]. Forestes, 14(10): 2115.

YANG H, SHAO X, WU M, 2019. A Review on ecosystem health research: a visualization based on citespace [J]. Sustainability, 11(18): 4908.

YANG M, 2021. Analysis on the spatial ecological distribution model of landscape plant community[J]. Microprocessors and Microsystems, 82: 103812.

ZHANG H W, CHEN H L, SHEN S H, 2009. The application of Normalized Multi-Band Drought Index(NMDI) Method in cropland drought monitoring [C]. Berlin: Conference on Remote Sensing for Agriculture, Ecosystems and Hydrology XI as Part of the 16th International Symposium on Remote Sensing.

ZHAO J, YU Q, AVIRMED B, et al, 2024. The relationship between structure and ecosystem services of forest and grassland based on pattern analysis method: a case study of the Mongolian Plateau[J]. Science of the Total Environment, 948: 174700.

ZHAO Y, HAN R, CUI N, et al, 2020. The impact of urbanization on ecosystem health in typical Karst Areas: a case study of Liupanshui City, China[J]. International Journal of Environmental Research and Public Health, 18(1): 93.

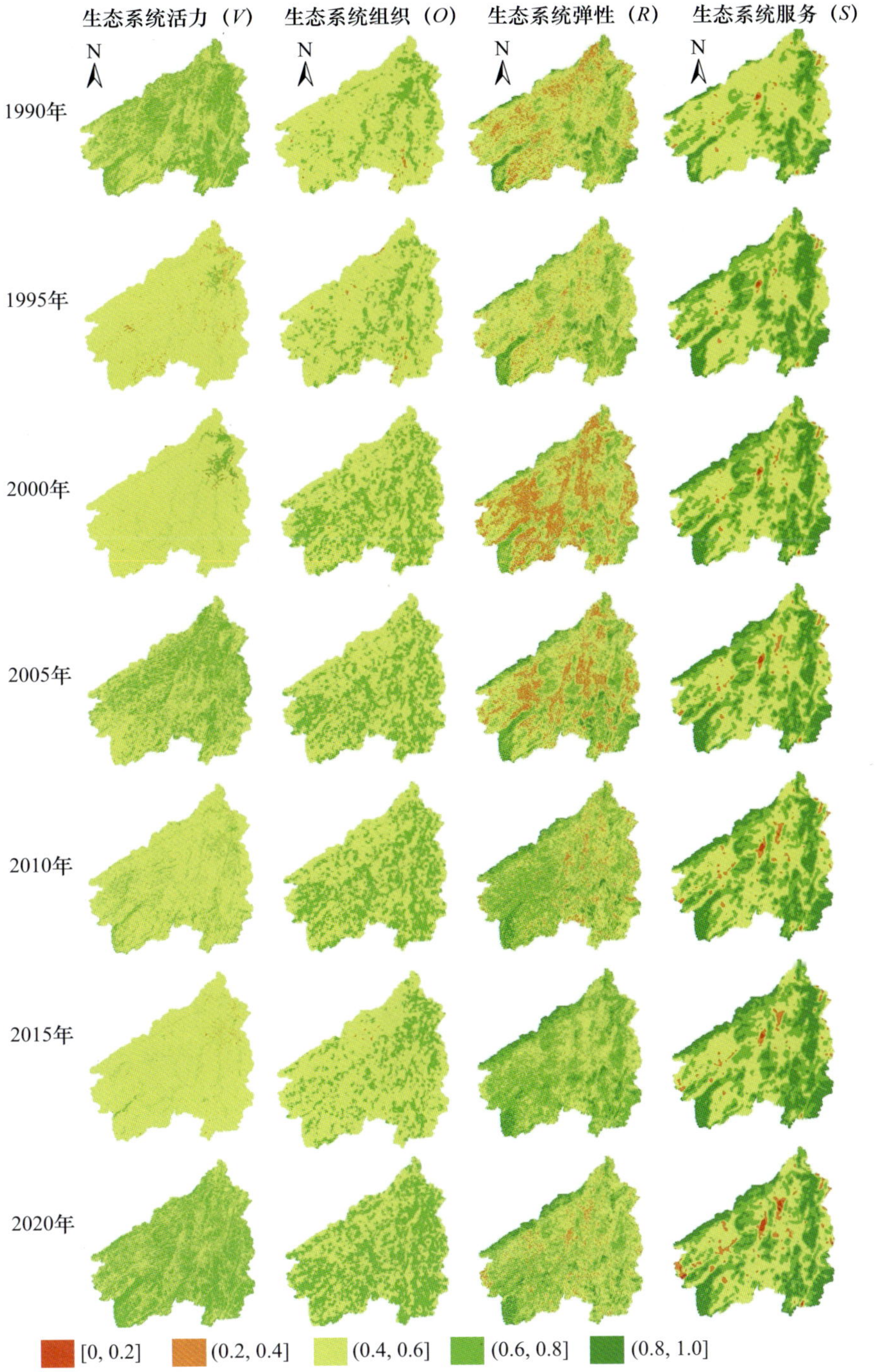

图 3.1 1990—2020 年生态系统维度层健康等级评价图

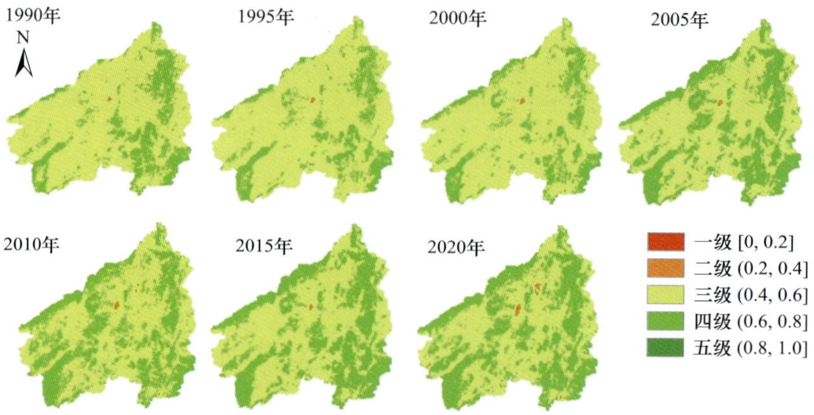

图 3.4　1990—2020 年生态系统健康等级图

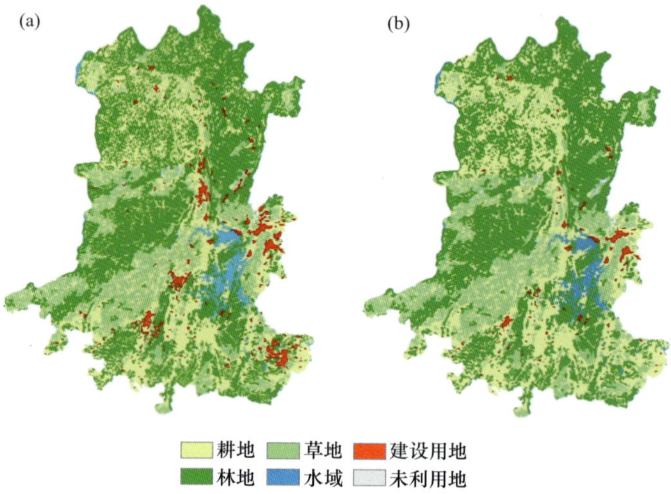

图 6.1　2015 年土地利用现状(a)与模拟(b)对比图

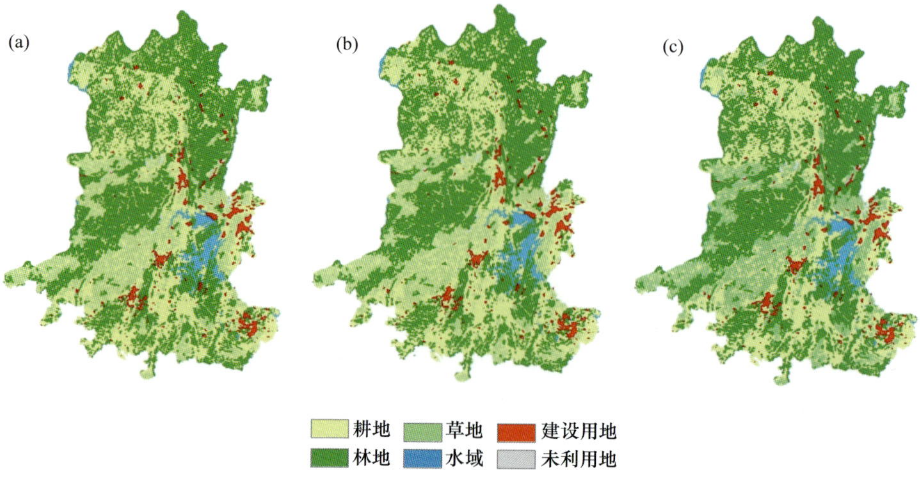

图 6.2　CA-Markov 土地利用模拟图

(a)2020 年;(b)2025 年;(c)2030 年